U0182899

以城为媒

社交媒体时代的城市形象

黄骏 著

清华大学出版社

北京

版权所有，侵权必究。举报：010-62782989，beiqinquan@tup.tsinghua.edu.cn。

图书在版编目（CIP）数据

以城为媒：社交媒体时代的城市形象 / 黄骏著 .— 北京：清华大学出版社，2023.10（2024.8重印）
ISBN 978-7-302-63658-8

Ⅰ.①以… Ⅱ.①黄… Ⅲ.①城市—形象—研究—中国 Ⅳ.①TU984.2

中国国家版本馆CIP数据核字（2023）第092236号

责任编辑：梁　斐
封面设计：周　洋
责任校对：薄军霞
责任印制：丛怀宇

出版发行：清华大学出版社
　　　　　网　　址：https://www.tup.com.cn, https://www.wqxuetang.com
　　　　　地　　址：北京清华大学学研大厦A座　　　邮　　编：100084
　　　　　社 总 机：010-83470000　　　　　　　　邮　　购：010-62786544
　　　　　投稿与读者服务：010-62776969, c-service@tup.tsinghua.edu.cn
　　　　　质量反馈：010-62772015, zhiliang@tup.tsinghua.edu.cn
印 装 者：艺通印刷（天津）有限公司
经　　销：全国新华书店
开　　本：155mm×235mm　　　印　　张：16.25　　　字　　数：216千字
版　　次：2023年10月第1版　　　　　　　　　　　印　　次：2024年8月第2次印刷
定　　价：88.00元

产品编号：100932-01

序言

经过五年的潜心研究，黄骏的专著《以城为媒：社交媒体时代的城市形象》终于要问世了。这是一本全面介绍当前社交媒体环境下城市形象传播新趋势的专著，也是一项基于新一线城市武汉的个案调查。

在大众传播诞生以前，多数人一辈子都没离开过自己所生活的家乡，因此他们也就无从获知遥远城市的信息。意大利作家卡尔维诺在《看不见的城市》中曾描述，忽必烈只有通过马可·波罗的讲述，才能了解西方城市威尼斯的图景。到了大众媒体时代，官方媒体成为塑造城市形象的主体，人们借由媒体的新闻报道和城市宣传片，形成了关于一座城市的最初印象。

近年来，中国城市化进程稳定快速发展，国内传播学者对于城市形象给予了高度关注，有关城市形象和城市品牌的研究成为一个学术热点，研究成果也较为丰富。但绝大部分侧重于对大众媒体报道文本或城市宣传片的分析，而对社交媒体环境下城市形象构建与传播的理论和实践研究明显不足。

因此，在读博期间，当黄骏以社交媒体环境下的城市形象作为他申报国家社科基金项目的选题时，作为导师的我完全支持。相比于博士论文选题偏重理论层面的思考，他的这一选题更加聚焦于实际应用层面，这正好丰富了他有关城市传播研究的知识体系。从总体来看，他十分出色地完成了这一任务。

通览黄骏的著作可以发现，书中虽是关注城市形象，但蕴含着三

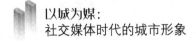
层有关媒介的深思:

一是城市媒介。由于交通和通信技术的发展,人们能以最快速的方式亲身体验或是在虚拟空间感知一座城市,我们无时无刻不被城市的虚实场景所包围。这也应验了基特勒"城市是一种媒介"的观点。在这本专著中,黄骏将城市景观和博物馆看作城市形象实体空间传播的重要元素,并且与社交媒体网络相互嵌入,将市民与游客编织其中。

二是社交媒体。有别于以往把社交媒体当作传播工具的研究视角,黄骏将社交媒体看作城市形象运作的媒介环境。这种环境不只是交流的渠道,它还促进了城市居民或游客间更丰富的公共交往与日常生活。正如书中所说,市民既是城市形象的第一检验者,同时又是形象建构的参与者。借助社交媒体,城市居民可以直接参与到城市公共议题的讨论以及城市治理的实施之中。以往作为城市形象传播接收者的市民,通过社交媒体网络成为城市主人翁。

三是万众皆媒。社交媒体浸润的城市,带来了万众皆媒介的新景观。人既是新媒体的用户,又是社会的基本单元,更是复杂的生命体。这里面的"众"指的是某座城市的所有市民与游客,还包括并未涉足但围观这座城市的用户。例如,书中有关抖音话题挑战的案例研究,证明了短视频的普及使城市影像生产从精英化走向庶民化。网民自发拍摄的短视频,呈现了城市生活中烟火气息的本色,并借由短视频平台传递到千家万户。

总的来看,这本著作从物质性和媒介化两个层面推进了城市形象研究。一方面,它强调了信息传播技术的发展带来的人与物、物与物之间新的传播关系。书中所提到的全息投影与建筑的互动以及虚拟(增强)现实与博物馆的互动都能体现出新科技对于"物—物"关系的改造。另一方面,它也指出,媒介的影响不仅仅局限于发送者—信息—接收者这个传播序列,而应扩及媒介和不同社会机制或文化现象间的结构性改变,及其如何影响人类的想象力、关系与互动。

序言

从实践角度来说，社交媒体环境下的城市形象建构也是地方宣传部门的工作内容之一，书中强调的以媒介实践范式为核心的城市形象传播思路，也可指导国内城市形象推广的实际运作。书中提到，过去的城市影像是官方拍摄城市宣传片供观众来收看，而如今是所有用户主体可以拍摄城市短视频供所有用户观看。书中还提到，地方宣传部门既要协同城市媒体、地方智库以及城市文化企业等内容资源，又要加强与其他涉及城市软实力的政府部门的合作。同时，城市管理者还需要转变传播思路，真正让本地市民成为城市形象传播的参与者。这些对策建议，也可为相关地方职能部门的决策提供参照。

在清华读博的三年时间里，黄骏不仅顺利地获得博士学位，还和我有过若干次学术上的合作。他是一个虚心好学、目标笃定、持之以恒的青年学者，具有敏锐的学术洞察力和开阔的研究视野，也正在成为国内城市传播研究领域的后起之秀。他的博士论文《从基础设施到媒介化：作为媒介的城市交通》，将城市交通置于媒介视野下进行了多层面的创新性探索，而《以城为媒：社交媒体时代的城市形象》这部专著则是他把城市传播的研究和新媒体传播研究结合起来的一次尝试，不仅是国内城市传播研究的一项系统性成果，也是新媒体领域的一项新成果。本书的出版，不仅是对相关领域学术研究的丰富与拓展，同时也能为国内从事城市形象推广的有关部门提供有效的理论和实践指导。

是为序。

彭兰

2023 年 1 月于中国人民大学

目录

第一章　绪论 ··· 1

一、为何研究城市形象 ··1

二、国外相关研究现状 ··5

三、国内相关研究现状 ··· 11

四、概念界定 ··· 16

五、理论建构：城市形象的三维传播框架 ·························· 18

六、本书主要内容 ·· 22

第二章　城市景观与形象传播 ······················· 25

一、城市形象的物理空间要素 ····································25

二、景观形象与城市感知 ·······································29

三、地标建筑、城市天际线与媒介呈现 ···························35

四、社交媒体与城市景观资源 ····································41

五、武汉"知音号"游客的地方感知：案例研究 ···················43

六、本章小结 ··· 61

第三章　博物馆与城市形象 ·················· **63**

一、此地何时：博物馆与城市的勾连 ·············· 63

二、超级连接：博物馆的新媒体营销 ·············· 65

三、媒介融合：博物馆的新媒体叙事 ·············· 69

四、博物馆的新媒体传播重塑城市形象 ············ 74

五、武汉博物馆的文化利用与城市传播：案例研究 ······ 77

六、本章小结 ······························ 90

第四章　城市事件与媒体形象 ·················· **91**

一、城市形象与城市事件 ···················· 91

二、城市形象的媒体自塑 ···················· 93

三、城市形象的媒体他塑 ···················· 99

四、社交媒体与城市媒介事件 ················ 103

五、武汉军运会的舆情事件分析：案例研究 ········· 105

六、本章小结 ··························· 111

第五章　危机传播与城市形象 ·················· **113**

一、公共危机与城市负面形象 ················ 113

二、社交媒体时代公共危机特征 ·············· 116

三、网络危机传播对城市形象的影响 ············ 120

四、城市形象的数字化危机治理 ·············· 123

五、公共卫生事件中武汉涉疫舆情及形象重塑：案例分析 ··· 126

六、本章小结 ··························· 139

第六章　城市形象与数字沟通 ·················· **141**

一、城市形象、地方认同与可沟通城市 ·········· 141

二、智慧城市对市民公共交往的影响 ············ 144

三、城市数字沟通的社会维度 ················ 150

四、数字城市沟通力的实现路径 ·· 155

五、武汉城市留言板的协商机制：案例分析 ························· 158

六、本章小结 ·· 174

第七章　用户生产城市影像 ·· **176**

一、城市形象与视觉文化 ··· 176

二、城市宣传片与官方形象生产 ··· 180

三、城市短视频与用户生产影像 ··· 184

四、专业用户生产内容：一种共创的影像新模式 ·················· 189

五、抖音平台武汉城市话题挑战的内容分析：案例研究 ······ 190

六、本章小结 ·· 202

第八章　结论 ··· **204**

参考文献 ··· **209**

附录 ··· **235**

附录一　"知音号"游客数据文本题录 ··································· 235

附录二　武汉城市留言板访谈实录 ·· 241

后记 ··· **248**

第一章
绪论

一、为何研究城市形象

哈佛大学经济学家格莱泽（Edward Glaeser）在《城市的胜利》（*Triumph of the City*）中，将城市比喻为人类最伟大的发明与最美好的希望（格莱泽，2012∶1）。而联合国发布的 2020 年度《全球幸福指数报告》显示，超过一半的世界人口（55.3%）生活在城市，约 42 亿。到 2045 年，这个数字预计翻 1.5 倍，超过 60 亿。上海是世界人口第三多的城市（2560 万人），仅次于日本东京（3740 万人）和印度新德里（2850 万人）。① 根据我国 2021 年 5 月发布的第七次人口普查数据，全国总人口超过 14.1 亿，其中城镇人口超过 9 亿，占比达到 64%。②

从以上数据可以发现，大城市是如此有魅力，以至于能够吸引源源不断的外来人口。早在 1938 年，芝加哥学派的路易斯·沃思（Louis Wirth）发表了《作为一种生活方式的都市主义》（*Urbanism as a way of Life*）一文，文中概括了大城市的优势在于众多因素的集中，包括工业、商业、金融和行政设施与活动，交通网络与通信网络，新闻业、电台、

---

① 腾讯网：联合国公布 2020 全球最幸福国家. 详情请见：http://new.qq.com/rain/a/20201123a00yp100.
② 国家统计局：第七次全国人口普查人口基本情况. 详情请见：http://www.gov.cn/guoqing/2021-05/13/content_5606149.htm.

剧院、图书馆、博物馆、音乐厅、歌剧院、医院、大学、研究和出版中心、专业组织，以及宗教和福利机构等文化和娱乐设施（Wirth，1938）。而沃思的老师帕克（Robert Park）将城市人口既频繁流动又高度集中的因素归结为交通和通信、电车和电话、报纸和广告、钢筋水泥建筑和电梯（帕克，2012：5）。

刘易斯·芒福德（Lewis Mumford）赞同城市作为社会权力与历史文化汇聚体的存在。他认为，城市象征着人类社会种种关系的总和：它既是神圣精神世界——庙宇的所在，又是世俗物质世界——市场的所在；它既是法庭的所在，又是研求知识的科学团体的所在。城市正是有这样的环境，才会促使人类经验不断化育出有生命含义的符号和象征，化育出人类的各种形式模式，化育出有序化的体制或制度（芒福德，2009：1）。因此，城市可以被看作虚实时空交织的产物，如果要回答如何让某座城市脱颖而出，就要考虑城市形象相关的问题。早在 20 年前，国内学者张鸿雁就对城市形象下了定义：城市形象既是一种客观存在的意义，又是人们的主观感受，是一种主客观结合的结果，由于主观的理解性差异，对城市形象的说明解释和认知总是千差万别的（张鸿雁，2004：49）。

多数人一生中也去不了太多的知名城市，但这不妨碍他们对于这些城市有着初步的印象。全球化迫使城市为了知名度、认可度和资金而相互竞争。大卫·哈维（David Harvey）声称，今天的地方认同源于这种竞争，即"内部人"（属于该地方的人）和多个"外部人"（外国投资者、游客、移民）之间的冲突（Harvey，1989）。由于资本投资的竞争，城市的独特性变得更加重要。因此，城市需要围绕事件和传统为自己打上烙印。一些城市被确定为大型活动的举办地，例如北京、首尔和雅典。其他城市以国际节日或展会为标志，例如葡萄酒（布达佩斯、摩泽尔、波尔图）、电影（戛纳、拉斯维加斯）、音乐（大西洋城、布拉格）、时尚（纽约、罗马、巴黎、米兰），或者只是有趣（里约热内卢、劳德代尔堡、墨西哥城)。另一方面,一些城市以其高犯罪率(印第安纳州加里)、污染(墨西哥城)和贫困(埃及开罗)而著称(Gilboa et al.,2015)。

接下来我们将要回答一个问题——城市形象为何如此重要?首先,城市形象是城市间相互竞争的关键要素。在日益全球化的经济中保持竞争力一直是城市管理者长期关注的问题。虽然从历史上看,工业资本主义和金融资本主义是一种内在动力,但为了吸引金融和人力资本而进行的竞争,迫使城市管理者越来越多地转向城市良好形象或地方品牌化的过程。换句话说,城市品牌形象可以提升城市的有形和无形属性,以争夺来自全世界的消费者、游客、企业、投资、技术工人和知识份额。同时,城市可以通过塑造形象将其利益相关者团结在新的身份认同之中,并将其信息传达给目标受众。在城市竞争的指标体系里,能发现许多与城市形象相关的影响因素。比如在全球化与世界城市(Globalization and World Cities, GaWC)评价标准中,与城市形象相关的参数包括蜚声国际的文化机构、浓厚的文化气息、有影响力的媒体以及强大的体育社群等。

其次,良好城市形象是提升城市对外传播能力的基础。全球化导致经济活动在地理上分散,而分散的经济活动急需共时性的整合。英国学者萨森(Saskia Sassen)提出的全球城市,刚好能满足这种包含不同领域公司和人才以及知识的、以信息中心构成的城市环境(胡以志,2009)。近年来,我国许多城市提出要建立区域性的国际交往中心,促成各种城市对外传播影响力的排名层出不穷,比如浙江大学发布的中国省会城市国际传播影响力指数报告(2018)以及北京师范大学发布的中国城市海外传播力排行榜(2021)等。值得一提的是,塑造城市良好的对外形象与中央提出的"讲好中国故事"不谋而合。城市通过文化的继承、重塑与扩散,能够丰富"讲述当代中国故事"的外延,从而为促进东西方文化交流与融合贡献更多素材。

最后,城市形象是凝聚人心的重要力量。华人学者段义孚(Yi-Fu

Tuan）曾提出恋地情结（topophilia）的概念，其目的是定义人类对物质环境的所有情感纽带。这种情感是对某一地方的依恋，因为那个地方是他的家园和记忆储藏之地，也是生计的来源（段义孚，2018：136）。良好的城市形象能够强化本地人与城市之间的情感纽带，同时也可以吸引外地人安居并建构地方认同。城市形象的塑造形成新景观体系，使城市人居环境得到美化，而城市氛围也更具文化内涵。源于此，市民会增强城市主人翁意识，从而对城市产生心理归宿感。

总体而言，国外的城市主要是靠营销公司来设计与运营地方品牌，而国内则是以地方宣传部门牵头，联合文旅局、外办、体育局和规划局等部门来协同推进。因此，国内的城市形象塑造注重媒体内容以及传播行为。正如卡斯特尔（Manuel Castells）所说，形象塑造与大众媒体的力量在重构城市地理和获得政治和经济利益方面发挥了重要的杠杆作用，如果没有媒体的存在，城市的信息和符号将无法生存（Castells，2013）。国内城市形象塑造尤其注重政府部门与主流媒体的联动，因而其传播在执行力和一致性上有较好的效果。但在传播过程中，国内城市也存在忽视社交媒体及民间力量的问题。

城市形象不仅是城市管理者的实操议题，同时也是传播学界普遍关心的理论问题。国内的城市形象传播聚焦在形象宣传片和地方新闻报道上。其中，城市形象宣传片主要涉及影像叙事和视觉文化理论，而城市新闻报道（尤其是外文媒体的报道）主要涉及传播学的框架理论和议程设置等。有外国学者总结了如何组织城市品牌理论与实践的对话：首先，研究人员可以对地方政府、运营和推广机构进行的所有活动进行更多的研究，这些活动可以打造真正的城市品牌。其次，城市品牌研究者可以更多地以志愿者、顾问、评论员或监督者的身份参与城市品牌形象建设的实践。第三，研究人员和从业者之间需要"平视的方式"进行交流，认真对待彼此并用相似的话语交谈（Hospers，2020）。

本书将兼顾城市形象的理论与实践，一方面探索社交媒体环境下城市形象的新理论框架；另一方面基于武汉的案例来验证城市形象的传播效果，并在每章结尾提出针对性的提升路径建议。选择武汉作为实证研究对象，是因为当前国内城市形象研究对象主要聚焦在三大经济圈（京津冀、长三角和珠三角）的发达城市，如上海（孙玮，2014；郭可、陈悦、杜妍，2018；潘霁，2019）、北京（杨一翁、孙国辉、陶晓波，2019；谭宇菲，2019）、广州（钟智锦、王友，2020；傅蜜蜜，2017）、苏州（曾一果，2017；杜丹，2016），缺少内陆城市的经验材料。除此之外，近五年来，武汉发生的一系列有影响力的事件可以成为鲜活的个案素材，如 2019 年的武汉军运会以及 2020 年年初暴发的新冠疫情等。

二、国外相关研究现状

自美国城市规划理论家凯文·林奇（Kevin Lynch）撰写的《城市意象》（*The Image of the City*，1960）开始，西方学者将城市研究的关注视角转向城市居民对于城市形态的认识与想象。20 世纪 80 年代起，市场营销学者开始聚焦城市营销和城市品牌领域，并逐渐将研究视野扩展到城市品牌管理中的利益相关者研究以及社交媒体对于城市品牌塑造的影响。

（一）地方品牌与城市品牌

地方品牌起源于旅游管理，随着时间的推移，其研究重点扩展到环境科学、城市研究和公共管理领域（Ma et al.，2019）。就目的而言，地方品牌旨在使一个国家、一个地区、一座城市或一处旅游目的地在复杂多变的市场中脱颖而出，提升地方的声誉和形象，对外部和内部世界都有所贡献，并促进社会和经济发展。地方通过定位自己以吸引更多外来资本、活动、游客、企业家和高技能劳动力，并实现结构变革，

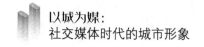

成为有利于人们生活、工作或游玩的地方（Rainisto，2003; Ashworth & Kavaratzis，2010; Hankinson，2010）。

许多研究针对地方品牌的影响力和作用展开。它被认为是应对可持续挑战、保持良好声誉及其投资者、企业和人才的吸引力的重要工具（Han et al.，2010）。有研究表明，地方品牌已被用于促进经济重组、社会包容和凝聚力、政治参与、地点识别以及公民的总体福祉（Oliveira，2015）。也有研究认为，将品牌推广技术应用于地方，已成功用于培育经济结构调整、社区参与、政治参与、旅游收入增长以及改变地方战略，如通过重新构想、重新定位、重组和重新调整的过程（Ashworth，2011）。相比于地方营销或推广等短期策略，地方品牌更偏向于创造一个有利的形象或改变负面、冷漠的地方形象（Ashworth & Kavaratzis，2010）。哈多克（Haddock，2010）也认为，品牌塑造往往将长期愿景、培养生活质量和地方发展与短期经济目标相结合。

地方品牌主要涵盖国家、地区以及城市如何通过品牌的树立与彰显，来提高本地人的地方认同以及吸引外地人来参观。在其中，城市品牌的研究成果最为丰富。回顾城市品牌策略的相关文献，大部分的研究聚焦在具体城市意象的创造上，例如荷兰鹿特丹被塑造成文化之都（Richards & Wilson，2004），阿姆斯特丹是国际商业、文化与旅游中心（Kavaratzis & Ashworth，2007），耶路撒冷是三大宗教圣地（Mitki et al，2011），意大利都灵是创意之城（Vanolo，2008），雅典是著名的地中海城市（Chorianopoulos et al.，2010），多伦多是自由之城（Catungal et al.，2009），东京是世界城（Machimura，1998）。

城市品牌已成为政府应用的重要工具，以提高城市的全球竞争力，促进投资、知识工作者、游客和新企业的流动（Larsen，2014）。因此，多年以来城市市长或决策者致力于运用策略打造城市品牌，以便吸引更多观光客（Herstein & Berger，2014）。城市品牌化是城市交流的一个面向，通过将城市的视觉形象转化为品牌形象，以各种方式改善城市形象的营销。值得一提的是，品牌经常强调城市文化和创造力的独特方面，以此提升城市形象的吸引力（Rehan，2014）。

城市的品牌与形象有着密切的联系。城市品牌需要构建和塑造一个"城市意象"，这被理解为从城市的建筑和街道计划中得出的历史基础的代表性集合，包括建筑师生产的城市建筑、居民生产的艺术，以及听到或读过电影、电视、杂志和其他形式大众媒体中的城市文本（Landry，2012：17-25）。城市品牌旨在创造一个清晰、独特，以消费者为导向的城市形象版本，可以"吸引理想的消费者并最大化消费者支出"（Gotham，2007：823）。当然，城市品牌不仅仅局限于促进城市的正面形象，而是延伸更多维度并将其转变为城市体验（Rehan，2014）。除此之外，通过形象的制定与传播，可以促进城市营销组合的多元化。在某些情况下，归因于形象的重要性被表达为促销过程的唯一重点（Burgess，1982；Ward，2005），在其他情况下则强调传统的促销措施（Kotler et al.，1999）以及某些案例讨论通过艺术、节日和文化景点进行城市推广的可能性（Kearns & Philo，1993）。

（二）城市品牌的利益相关者

众多研究已经证明，地方品牌管理能够借助地方定位和推广的手段，帮助当地市民形成持续的经验性共识。不论行政边界如何，都要尽可能利用和调整资源和形象资本，这些资源和形象资本通常由公共或私营部门的利益相关者把持（Moilanen，2015）。事实上，在理想情况下，城市品牌建设是城市政策的一部分，从而给城市管理者想要实现的目标带来积极贡献（Hospers，2020）。因此，很多研究在考察城市品牌模型时，借用公共管理与政治科学等领域分析城市品牌塑造管理的利益相关者与城市品牌之间的关系。有学者认为城市品牌的利益相关者来自许多类型和领域，包括一大批政府和非政府组织，比如居民群体、地方政府机构、地方营销机构、基础设施和交通提供方、文体活动组织者、学术机构和

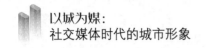

高校以及宗教组织等（Kavaratzis et al.，2014：104-111）。

地方品牌最成功的直接指标是地方品牌形象的改善，它本身并不是一个目标，但它有助于实现城市的目标，而这些目标是由各自地方政府或公共和私人利益相关者共同决定的（Braun et al.，2014）。从城市本身来说，地方品牌存在外部和内部两种生态。品牌的外部可以定义为城市客户，它包含城市游客、投资者、潜在居民和其他相关组织与机构（Kotler et al.，1999）。城市的内部是多个利益相关者相互依存的开放系统，其中一个利益相关者的行为会对群体中其他参与者产生影响（Jamal & Getz，1995；Moilanen，2015）。有研究比较了城市居民和城市官员这两种利益相关者的关系，结果表明，城市官员与城市居民之间的忠诚度存在很大差异（Peighambari et al.，2016）。

近来，城市品牌的关注重点正逐渐从外部转向内部利益相关者。公共部门和城市领导者只支持他们的城市品牌期望达到平衡的政策（Pasquinelli & Teräs，2013）。有研究认为，对于城市品牌的关注正逐渐从外部利益相关者（游客和潜在居民）转移到内部利益相关者（居民和城市官员）。因为从内部利益相关者的角度来看，将城市的吸引力传达给外部利益相关者，是其获取品牌认知的起点（Peighambari et al.，2016）。这也回应了之前众多研究的结论，内部利益相关者如居民、商人和城市官员被认为是城市品牌的第一顾客（Varey & Lewis，1999；Rafiq & Ahmed，2000；Ahmed & Rafiq，2003；Sartori et al.，2012）。布劳恩（Erik Braun）等人解释当前城市市民在城市品牌的形成与传播中起着决定性的作用。他们是地方的"面包和黄油"，他们与外部利益相关者的互动形成了那个地方的社会环境（Braun et al.，2013）。

具体而言，城市居民在城市品牌推广方面的决定作用体现在四个方面：第一，他们是地方营销本身的目标群体，因此也是多个营销行为的主要受众；第二，居民是地方品牌的重要组成部分，他们的特征、行为和声誉可以使城市对游客、新居民、投资者和公司更具吸引力；第三，居民可以担任其品牌的大使，他们能够为市政当局传达的任何信息提供可信度，"制造或打破"他们城市的形象和品牌；第四，他们作为公民，对整个营销活动的政治合法化至关重要（Braun et al.，2013）。与此相关，也有研究通过特殊的品牌推广活动，探讨政治的概念以及不同利益相关者的作用和参与（Pasquinelli，2014）。卡瓦拉齐斯（Michail Kavaratzis）等人也断言，地方品牌建设是一个高度选择性的政治过程，其结果取决于利益相关者群体（Kavaratzis & Kalandides，2015）。不过，也有学者主张去政治化的思路。鉴于城市品牌的新自由主义推动，城市领导者的中心焦点已从"满足公众需求转向迎合市场需求"（Listerborn，2017）。

（三）地方品牌与交互式传播

随着互联网信息技术的发展，社交媒体改变了数十亿人的沟通方式。通过互联网和移动技术，社交媒体满足了组织、公司和人员之间增强互动的需求。社交媒体具有理想主义，因为它反映了参与性、互动性、开放性和透明性（Kaplan & Haenlein，2009）。社交媒体在营销和品牌推广方面发挥着越来越重要的作用，如作为旅游的信息来源（Xiang & Gretzel，2010）。社交媒体被描述为基于网络的应用程序，能够创建和传输诸如图片、音频、文字和视频之类的内容（Zhou & Wang，2014）。今天的数字城市也越来越多地参与社交网络媒体（Paganoni，2012）。这可以看作对城市间竞争的回应，以及鼓励城市在全球数字化舞台上联网（Sassen，2004）。

信息科技的发展导致城市越来越依赖于数字信息交换。不仅是与地方相关的私营企业和参与者（如对环境管理、房地产、旅游和城市规划的参与），而且包括地方政府当局等公共机构越来越多地参与公私合作。如今，西方许多城市都雇佣专业人员构建城市的竞争身份（Anholt，2007）。与传播媒体不同，社交媒体实现了"政企合作"的城市营销方式，搭建了更具互动性和参与性的平台。社交媒体提高了城市客户的满意度与认可度，因为其内容是由政府机构和普通用户共同生成的。不过，也有研究指出，当前许多地方政府并不信赖线上的传播模式，他们认为在线品牌建设既复杂又困难，一些政府官员拒绝接受互动在线品牌推广渠道，并且有些地区还无法顺畅访问国际在线渠道，如 Facebook、Youtube 等（Björner，2013）。

由于交互式媒体的诸多优势，许多研究聚焦地方使用交互式媒体来塑造品牌的策略。比如，网站通常由商业组织（Trueman et al.，2012）和市议会（Florek et al.，2006）管理。社交媒体网站可能由广泛的利益相关方（旅游专家、旅游网站和个人爱好者）拥有，并以居民或游客创建的内容为特色（Munar，2011；Sevin，2013；Oliveira & Panyik，2015）。为了推进线上城市品牌的塑造，地方政府开始尝试一些现代化的议程，包括启动和维护官方城市网站，以及在社交网络上开设 Facebook 或 Twitter 账户以及相关的移动设备应用程序设计（Florek et al.，2011）。为了提升品牌影响力，网页的形式结构、画面色彩的定义、视觉效果和叙述的方式都是多模态分析在框架内进行的必要参考点，适用于从网页到博客与微博的多种数字文本类型（Paganoni，2015：7-8）。因此，互联网已成为目的地选择的第一大信息来源（Gertner，2007）。同时，也可以被视为一种目的地体验的有效销售渠道、商品和服务的直接分销渠道以及客户反馈的支持渠道（Da Silva & Alwi，2008）。

消费者现在有权与品牌和其他消费者互动，并且在用户生成的内容网站上创建自己的内容，从而促成更多参与式的品牌推广方法（Christodoulides，2009）。这促使地方品牌领域关注到普通居民作为互联网用户如何生产内容来提高城市品牌影响力。用户生成的内容正在改变包括目的地营销在内的品牌营销行为，因为对品牌传播的控制正在从营销人员转向消费者（Larsen，2014）。在互联网产生以前，积极的口碑营销被认为是重要的城市品牌策略，而通过社交媒体进行的口碑营销可以显著影响消费者行为。Web 2.0 创造了一种新的公民对话形式，它邀请用户直接参与到与内容生产者的互动之中（Paganoni，2012）。

综上所述，国外自 20 世纪 90 年代初期以来开展了大量有关城市品牌形象的研究，但由于该领域的复杂性与多学科性质（Kavaratzis & Hatch，2013；Hankinson，2010），在某种程度上导致了理论基础的碎片化（Lucarelli & Berg，2011）和概念混乱（Boisen et al.，2018）。国外的地方品牌或城市品牌研究，主要还是参照企业品牌以及市场营销的视角，忽略了传播过程中媒介渠道所扮演的角色。此外，多数研究聚焦于对城市个案的例证与分析，重视品牌塑造的实践过程，忽略了一般意义上理论建构的整体把握。新媒体技术的发展对以往的地方品牌策略造成了冲击，而近几年的研究并没有深入去跟踪新媒体环境下的变化，相关的创新研究成果尚不多。

三、国内相关研究现状

相比于国外使用较多的城市品牌概念，国内相关研究较多围绕城市形象开展论述。国内最早有关城市形象的研究集中于探讨建筑如何塑造城市形象（卢济威，1989；李雄飞，1989；张锦秋，1993）。20 世纪 90 年代中期，张鸿雁（1995）、高文杰（1996）等借鉴企业识别理论来研究城市形象。21 世纪初，汪德满（2001）、郑荣基（2001）、黄金霞（2004）借助具体的城市个案如合肥、广州和苏州，探讨如何通过城市品牌的打造来塑造城市形象。近年来，国内城市形象研究聚焦在三个维度：

（一）城市形象的品牌管理

城市形象最早是在城市规划与设计中提出的，主要是指城市景观。早在 1988 年，国内学者在翻译日本学者池泽宽的《城市风貌设计》一书时认为，城市风貌是一座城市的形象，反映一座城市特有的景观和面貌、风采和神志，表现城市的气质和性格（薛敏芝，2002）。20世纪90年代中期，随着企业形象识别系统（Corporate Identity，CI）理论的成熟，我国学者开始尝试借鉴该理论来研究城市形象问题。例如，徐根兴（1995）借由 CI 与城市形象的联系，归纳了城市形象应具备的三个基本维度：城市形象（物质与精神）、市民形象和政府形象。张鸿雁（1995）提出应该将城市整体风格的设计与规范导入城市整体的形象识别系统之中。1996年10月"全国城市形象设计研讨会"召开，与会专家指出，城市形象的建设不仅仅是城市景观的设计，更应该以城市形象识别系统（CIS）为基本指导，强调城市综合体各个领域之间协调发展的研究与设计（郝胜宇，2009）。因此，有学者将城市形象的构成体系分为两个方面：一是城市硬件系统，主要包括城市布局、道路、绿化和卫生等；二是城市软件系统，主要包括政府形象、文化活动传播、居民素质以及城市标识等（聂艳梅，2015）。

国内系统性研究城市形象的著作是张鸿雁（2004）的《城市形象与城市文化资本论——中外城市形象比较的社会学研究》，他率先从城市管理的角度系统性研究城市形象：一个城市形象塑造的关键是通过"城市文化资本"来运作。品牌是树立形象的战略，也是建设形象和传播形象的过程。国内学者尝试建构城市形象品牌管理的多元维度和视角。例如：郝胜宇（2009）提出城市品牌管理要考虑顾客视角、城市品牌测评和利益相关者关系；何国平（2010）将城市形象传播框架归纳为利益相关者策略、城市营销策略、大众传播策略和文化策略所构成的金字塔结构；范红（2013）将城市品牌形象的支撑点归纳为六个方面：城市的经济竞争力、历史文化底蕴、城市文化艺术、城市空间与景观吸引力、城市人口素质以及城市的媒体形象；杨旭明（2013）则将城市形象产生的核心点归纳为城市的客观存在、媒介和公众的主观认知效果三大因素。

不过，国内的城市形象品牌管理落实到操作阶段还存在一些显著的问题。有学者通过调查我国36座城市品牌形象受众感知情况发现如下问题：城市宣传广告到达率低，城市宣传推广工作有待加强，并且中西部城市的感知评价较弱（宋欢迎，2020）。就对外传播而言，中国的许多城市在品牌塑造工作的过程中体现出一种急功近利的倾向，城市品牌形象的对外推广往往只重视形式，不重视实际效果，对国际化的传播手段和海外受众的需求缺乏了解（范红，2008）。也有学者认为中国城市规划建设与城市形象塑造的"千城一面"影响了城市的特性彰显和个性识别（郑晨予，2016）。

（二）城市形象的媒体与影像

国内城市形象研究的特色是注重媒体在城市形象构建中的作用。其中，大众媒体对具体城市的新闻报道可作为城市形象建构与评价的重要指标。具体而言，韩隽（2007）认为在城市形象传播中，传媒能建构城市的主体文化，形成内部的文化归属和外部的良好声誉。陈映（2009）则将城市形象分成了实体城市形象与虚拟城市形象，并强调了媒体在城市形象传播中的再现机制。在城市的对外传播方面，陈云松等（2015）通过大数据提出大陆城市的国际传播主要通过媒体报道进入西方社会。这其中，全球新闻媒体报道对城市品牌形象"他塑"的重要性不言而喻（郑晨予、范红，2020）。

不少国内研究借助实证的方法来研究媒体对于塑造城市品牌形象的效果。赵心树（2019）等人借助选择螺旋理论来测量传播行为和效应，对国内 7 座城市的今日头条贴文的大数据进行分析，揭示出传统媒体发布群体垄断"议程设置"的传播生态可能已不复存在。取而代之的是网络媒体环境下，发布、点读、转发三个群体"协调议程"的传播生态。也有学者通过比较国内中部四省的全球新闻报道大数据，发现四座省会城市的声望地位有待共同提高，其品牌从高到低依次为武汉、长沙、合肥和南昌（郑晨予、范红，2019）。针对具体的城市，有学者通过研究有关澳门的中文、英文或者葡文的媒体报道，探讨澳门的国际形象以及西方文化生产中国形象的机制与政治意涵（郑雯、乐音、兴越，2019；潘霁，2018）。此外，潘霁（2019）借助框架理论的大数据分析，探究全球主流纸媒、网站和博客等媒介形成的异质信源网络如何影响其对上海城市形象的建构。

除此之外，针对城市形象的媒体建构，国内学者尤其关注政府主导的城市形象宣传片的传播。在影像技术蓬勃发展之际，城市形象片已成为城市文化呈现的重要载体，并且成为城市以及国家对外传播的重点。就概念而言，陆晔（2012）认为城市宣传片是媒介将都市转变为一种影像，进而借此代表都市生活的一种特殊样态。许多学者认为，城市形象不单单只是地方政府的宣传片，而应包含城市空间意涵以及市民体验等更丰富的内容。比如，孙玮和钟怡（2017）归纳了城市形象片的实践路径：一是其主体是人不是景观；二是其出发点是市民不是城市规划；三是其技术运用应该以促进人与城市的连接为目标。从内容营造方面来说，不少学者强调今后的城市形象片应该超越日常生活的精英化书写，转变为讲述生活化的城市故事（操瑞青，2015；刘娜、张露曦，2017）。

很多学者以具体城市的形象片作为案例，分析地方元素如何融入城市形象片的生产与传播之中。曾一果（2017）以苏州为例，指出"后怀旧"的城市影像空间中的各种城市景观交织，塑造了斑驳混杂的"苏州形象"。也有学者聚焦于城市形象片的跨文化传播或对外传播。郑晨予（2016）认为在形象塑造方面，西方更聚焦于有形、形象、客观的"实"的属性方面，而中国则更侧重于无形、神意、主观的"虚"的属性方面。就具体城市而言，有研究聚焦于G20杭州系列城市宣传片的对外传播实践，论述了塑造和修辞技巧对城市形象构建和在国际传播中的作用（周铜，2017）；也有研究聚焦于武汉城市宣传片《大城崛起》的多媒介、跨平台投放，说明广泛宣传和高频接触能够潜移默化地增强市民自豪感（梅文庆、李立，2015）。

（三）城市形象的数字化传播

信息与传播科技的发展促使城市形象传播进入互联网时代，官方可以借助新兴的社交媒体发挥外塑形象、内促沟通的城市治理作用（李明，2015）。有研究结合新媒体特点及其与传统媒体的互补与互动，关注和讨论如何在日常传播及重大活动中选择、利用适合北京城市形象传播的媒体，以实现有效的媒体组合（谭宇菲，2019）。新媒体技术不仅改变了官方塑造与传播城市形象的样态，而且刺激了市民与游客加入城市形象的生产与传播中。移动媒介依托于个体空间实践、媒介实践而产生的城市体验融入城市形象的塑造之中，从而建构了城市形象新的实践范式（钟怡，2018）。借由社交媒体，人们可以将自己的感官体验转换为与他人分享的图片、视频和语言叙述，将自己的空间实践转化为空间的再现（潘忠党、於红梅，2015）。

信息数字化技术的不断更新，促使众多研究者转向城市形象的用户生产维度。线上影像生产使城市形象持续更新并被赋予了丰富的表现形式，更加年轻、多元的社会群体借由新媒介形式共同协商、创建城市影像文本（刘娜、常宁，2018）。有学者通过苏州的用户生产视频的案例，阐述了网民话语构成城市形象议题在网络空间中的公共表达，这些视频通过对官方和商业资本的认同、嬉戏、协商或对抗，维系了自身与城市的亲密关系，重新定义了城市的自我认同（杜丹，2016）。

近年来，短视频的兴起推进了这一研究方向的进展。与抖音平台相关的一系列传播实践逐渐催生出一种城市形象建构和城市传播的新样态，可称之为抖音城市（潘霁等，2020：3）。孙玮（2020）认为，短视频的涉身性渗透在赛博城市肌理中，成为建构社会现实的强大视觉性力量：我拍故我在和我们打卡故城市在。陆晔（2020）也认为，公众短视频生产激发了城市活力，并以协作式公共参与的视觉实践，成为都市视觉公共性的替代性表达。

综上所述，国内多数的城市形象研究聚焦于虚拟信息传播过程，将城市形象等同于地方媒体报道或者是地方政府所发布的城市宣传片，忽视了个体参与城市空间感知与体验所形成的城市形象。尤其是社会媒体的兴起，使城市形象传播的主体与客体发生了变化：以往自上而下宣传式的城市形象传播，已转变为市民与游客共同参与的交互式生产与体验。从传播过程来看，过往研究多关注于城市形象传播的塑造过程，缺乏对城市形象传播对象的接收分析以及对传播效果的评估。就研究方法而言，多数研究以思辨讨论和文本分析为主，较少采用量化的实证研究方法。

四、概念界定

本书主要考察的是社交媒体时代的城市形象传播。因此，在建构理论框架之前，有必要对书中的相关重要概念进行界定。

（一）城市营销

城市形象传播最早发源于市场营销学，它将城市看作企业的产品或服务而推销给外地的企业、游客或者是潜在居住人口等。国外学者科特勒（Philip Kotler）认为，我们已经看到了一些地区是如何吸引游客、商务活动和投资而与其他地区展开了日趋激烈的竞争，地方营销已成为一项最重要的经济活动，在某些情况下，甚至是当地财富增长的发动机（科特勒，2008：19-21）。而国内学者何国平（2010）则将城市营销看作一套以激发城市目标群体和组织的需求为中心的服务体系，使目标群体对城市形象产生特定偏好。其主要的途径和手段包括节庆营销、展会营销、体育演艺营销以及公关活动。本书中的城市营销主要选取的是城市事件营销的部分，探讨社交媒体时代城市事件与媒体报道如何塑造城市形象。

（二）地方品牌

国外在开展城市形象的研究与设计时，主要采用的是地方品牌的概念。它指的是国家、地区和/或地方（或城市）身份相关的品牌建设和品牌资产建设。地方品牌可用于调动公共和私人参与者之间的合作关系与网络，以建立连贯的产品供应（包括旅游、贸易、临时就业和投资机会），以正确的方式进行沟通，以便保证消费者所寻求的情感和场所体验（Govers & Go，2016：16-17）。国外学者将城市品牌看作建构良好城市形象的工具，它不限于宣传城市的正面形象，还延伸到更多，比如将其转变为一种城市体验（Rehan，2014）。然而，基于我国的现实国情，国内城市的形象塑造并不使用"品牌"这种商业词汇，而是归于地方政府牵头的文化软实力部分。因此，我们认为，抛开意识形态与实践主体，仅从实践操作层面出发，国外的城市品牌概念可以等同于国内的城市形象来理解。

（三）城市形象

国外的城市形象一般用城市意象来指代，它来源于凯文·林奇的《城市意象》中的公众意象，指的是大多数城市居民心中拥有的共同印象，即在单个物质实体、一个共同的文化背景以及一种基本生理特征三者的相互作用过程中，希望可能达成一致的领域（林奇，2016：5）。国内的城市形象主要指两个方面：地方管理者建构的城市形象以及人们对一座城市的总体印象。本书所使用的城市形象更倾向于米歇尔（W. J. T. Mitchell）"图像学"中的形象。它包含图像、视觉、感知、精神与词语等谱系。在米歇尔看来，"形象不仅仅是一种特殊符号，更像是历史舞台上的一个演员……即我们自己的'依造物主的形象'被创造、又依自己的形象创造自己和世界的进化故事"（米歇尔，2020：6-7）。从这个视角出发，本书的城市形象并不只是城市管理者构建的或大众媒体反映

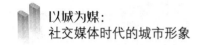

的形象，而更应该是每一个城市主人翁或游客体验后的认知与感受，这种城市体验来源于不同个体的媒介实践。

（四）社交媒体

社交媒体，又称社会化媒体。随着社交媒体的发展，其在城市品牌推广中发挥了重要的作用，地方政府能以相对较低的运营成本在新媒体平台上宣传自己的城市。就定义而言，社交媒体是基于互联网的渠道，允许用户实时或异步地与大量或少数受众，实现随机的互动以及选择性的自我呈现，他们从用户生成的内容和与他人互动的感知中获得价值（Carr & Hayes，2015）。国内外的城市形象（或地方品牌）研究主要是将社交媒体当作传播工具来考察，忽略了社交媒体已嵌入城市信息传播以及市民日常生活的境况。本书中的社交媒体不只是交流的工具，更是人们开展公共交往与日常生活的媒介环境，这种嵌入性在当下移动互联网阶段表现得更为突出。正如延森（Claus Jensen）所说，手机媒介的独特之处在于，它们通过本地化和个体化的方式将多元模式的传播整合入日常生活中。因此，手机传播中的"移动"与其说是在于特殊装置、综合技术或个体使用者，不如说是上述三者共同发生作用的传播语境（延森，2012：112）。

五、理论建构：城市形象的三维传播框架

纵览过往的城市形象及城市品牌研究，本地居民的视角容易被忽视。居民在城市品牌塑造中扮演重要作用，因为他们"呼吸并生活"在城市的品牌形象之中。城市品牌的有效性取决于当地民众的支持和承诺，其中包括居民、当地商业经营者和社区组织。与此同时，它也应该吸引那些对城市有自我身份认同的潜在居民。那些城市品牌的拥护者，尤其

是市政当局、旅行社和商会，必须让主要的利益相关者参加到共同创造的过程中，一起制定和实施相关的策略（丹尼，2014：12-17）。从研究对象来说，过去的城市形象仅仅针对外地人开展调查问卷或焦点小组访谈，忽略了本地人对于城市的认知与看法，以及本地人与外地人之间的互动。

从学科来看，国外的城市品牌研究主要是将城市看作待销的商品或产品，并把社交媒体看作与广告、公关或促销类似的市场营销工具。这一视角忽略媒介深度嵌入我们社会环境的现状。正如英国学者利文斯通（Sonia Livingston）在 2008 年国际传播学会（ICA）的会长就职演说中提出的"一切的媒介化"（Everything of Mediation）：随着传播研究超越传统的大众传播和人际传播形式的二元论，涵盖新的、互动的、网络化的传播形式，其影响力可以遍及现代生活的多个领域，人们普遍认为"一切的媒介化"代表着历史性的重大变化。今天的媒体不仅能为所有社会参与者提供交流，而且至关重要的是，通过中介（从属）方式吞并了以往具有相当大力量的政府、学校、行政司法机构、教堂和家庭的权力（Livingstong, 2009）。基于此，我们在考察城市形象的塑造与感知时，应该全方位关注人们在城市实体空间与虚拟空间穿梭的媒介实践，而不仅仅沿用传统美国经验学派的效果研究范式。

媒介实践是英国学者库尔德利（Nick Couldry）提出的，这种新的研究范式不是将媒介（或媒体）理解为文本或生产结构，而是将日常生活作为实践来描绘。它关注的是面向媒介（或媒体）的所有实践以及在社会实践中对其他实践进行排序的作用（Couldry, 2004）。这一范式根植于库尔德利（2014:12）对媒介的定义：媒介不再被认为是一个生产—分布—接受的封闭环形路，而是一个跨越空间的广阔的中介化过程。他将媒介实践概括为四种类型：搜索与搜索能力的养成、展示与被显示、在场以及归档（库尔德利，2014：47-53）。借助这一范式，我们可以将媒介纳入城市形象塑造、传播、感知以及分享等整套流程之中，同时也

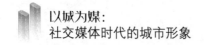

能关注到不同社会个体在城市形象传播体系中的角色与价值。

本书将创造性地提出城市形象三维传播框架。它来源于卡瓦拉齐斯的城市形象三级传播框架（见图 1-1）以及布劳恩（Erik Braun）等提出的城市品牌传播模型（见图 1-2）。卡瓦拉齐斯的城市形象是将传播过程分成三个层级：第一层级是初级传播，包括城市的景观战略（landscape strategies）、基础设施（infrastructure）、组织结构（organizational Structure）以及行为要素（behavior）；二级传播指的是通常意义上的营销活动，比如广告、公关、视觉设计、识别系统以及城市口号，等等；三级传播代表的是口碑传播（word of mouth）和鼠标传播（word of mouse），它不仅限于口口相传，也包括人们在城市网络平台上发表的评论。值得注意的是，三级传播也会反过来影响固有的城市形象（Kavaratzis，2004）。

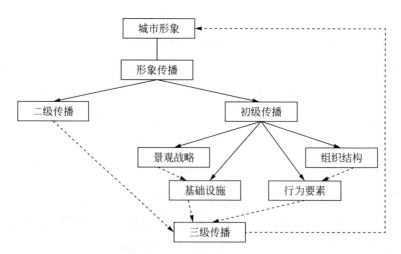

图 1-1　卡瓦拉齐斯的城市形象三级传播框架（Kavaratzis，2004）

2014 年，布劳恩等学者在《城市》（CITY）上发表了一篇论文，对卡瓦拉齐斯的三级传播框架进行修正，并提出城市品牌传播模型。他们一方面将线性的三级传播改为三种平行的传播策略；另一方面将传播对象分成了本地居民和外地游客。首先，物理场所的品牌传播主要是城市硬件的投资与传播。它既包括通过城市的硬件来传达城市品牌，又包含借助传播渠道重新开发城市硬件。因此，地方营销人员会部署专门的传播活动，以使城市对于标志性建筑（如摩天大楼、博物馆、商业体、体育场馆、图书馆和桥梁等）的投资为更广泛的受众所知。其次，模型中的传统城市品牌传播类似于卡瓦拉齐斯的二级传播（营销活动）。第三，模型中积极的口碑品牌传播类似于卡瓦拉齐斯框架中的三级传播。需要指出的是，在布劳恩的框架中，城市品牌战略的最重要驱动力是对一系列目标群体的竞争，如游客、投资者、公司、新公民、劳动力和学生等（Braun et al.，2014）。

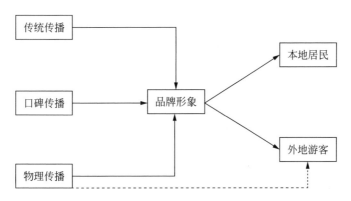

图 1-2　布劳恩的城市品牌传播模型（Braun et al.，2014）

　　本书借鉴卡瓦拉齐斯和布劳恩模型框架的优势，运用媒介实践的范式将社交媒体融入城市形象的整套传播流程之中，提出了城市形象的三维传播框架（见图 1-3）。在这个框架中，城市形象可以被看作一个社会系统，它包含静态状况和动态状况。其中，静态状况是由城市物理空间与虚拟空间共同构成的，它是城市形象的基本元素。而动态状况则是由三维传播框架主导，它决定了城市形象是如何以及通过什么方式来变迁与改变的。本书的城市形象三维传播由实体空间传播、传统媒体传播以及用户平台传播三个维度构成。与之前学者的模型框架区别在于，这三个维度的策略都会经由社交媒体的中介过程而传给本地人与外地人。一方面，这两类传播对象借助社交媒体的分享实现城市形象的二次传播，甚至多次传播；另一方面，本地人与外地人之间的人际交往也会影响城市形象的传播效果。在虚线代表的直接传播里，外地人可以直接体验和感知实体传播，而社交媒体所呈现的认知、感受或评论也会直接影响原有的城市形象。

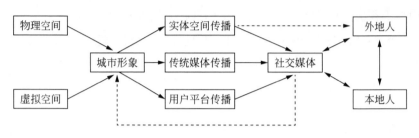

图 1-3　城市形象的三维传播框架（笔者绘制）

六、本书主要内容

本书的主要章节按照三维传播框架展开。从类型来看，实体空间传播指的是基于城市外在空间环境的直接传播，主要包括城市景观、博物馆、基础设施以及户外视觉标识等；传统媒体传播指的是由官方主导的城市文本或信息在虚拟媒介上的传播，主要包括媒体事件报道、城市危机传播、城市文化的媒介传播（地方电视台节目、方言电视剧、方言电影、方言歌曲、地方赛事以及地方戏剧等）；用户平台传播指的是主要由网络用户参与的自下而上的城市形象传播，主要包括城市数字沟通、用户生产影像、地方企业传播以及城市名人传播等。

表 1-1　城市形象三维传播框架的研究对象分类

	研究对象	研究案例	传播主体	传播对象
实体空间传播	城市景观	武汉"知音号"	官方/民间	本地/外地
	博物馆	武汉博物馆	官方	本地/外地

	研究对象	研究案例	传播主体	传播对象
传统媒体传播	媒介事件	武汉军运会	官方	本地/外地
	危机传播	武汉疫情危机	官方	外地
用户平台传播	数字沟通	武汉"城市留言板"	民间	本地
	用户生产影像	武汉抖音话题挑战	民间	本地/外地

书中选取三维传播框架中的六种类型作为研究对象（见表1-1），对每种类型在社交媒体环境下如何塑造城市形象进行理论阐述，分别通过具体的案例分析来检验不同研究对象的实践模式与传播效果，并在每章结尾提出针对性的路径提升建议。具体而言，本书各章的主要内容如下：

第一章首先介绍本书的研究背景，主要阐释了研究城市形象的理论动因以及现实需求。通过对国内外有关地方品牌和城市形象的研究现状进行文献综述，界定本书的核心概念，并提出本书的理论建构，即城市形象的三维传播框架。

第二章围绕三维框架中作为实体空间的城市景观展开讨论。通过比较林奇和麦夸尔的城市思想，归纳出城市景观作为城市形象主要的物理空间要素。从身体感知的角度分析景观形象与城市感知的关系，并着重阐述地标建筑这种典型景观对于城市形象的影响。除此之外，本章还分析社交媒体对于城市景观资源的重组。在案例部分，借助网络游记和点评等二手数据，分析游客对于武汉"知音号"的地方感知。

第三章围绕三维框架中作为实体空间的博物馆展开讨论。博物馆是城市的表现手段，也是城市文化的组成部分。借助新媒体技术，博物馆的营销模式与叙事方式发生了根本性的变革。博物馆的新媒体传播从场所、记忆以及融合等方面重塑了城市形象。在案例部分，通过对武汉博物馆的陈列设计、数字化水平以及用户评价进行分析，对博物馆资源如何提升城市形象提出具体建议。

第四章围绕三维框架中传统媒体的事件报道展开讨论。城市事件的媒体报道是塑造城市形象的主要手段。它包含本地媒体对于自身城市形象的自塑以及外地媒体对于其他城市形象的他塑。新时代城市事件的作用，主要体现在社交媒体环境中发酵和扩散的城市媒介事件。在案例部分，通过对 2019 年武汉军运会的舆情大数据分析，探究这一国际性体育赛事对于武汉城市形象的影响。

第五章围绕三维框架中传统媒体部分的危机传播展开讨论。城市公共危机的发生及其次生的舆情危机会给城市形象带来负面效应。本章从社交媒体时代公共危机的特征入手，讨论网络危机传播对于城市形象的影响。针对潜在的风险，城市管理者要实施城市形象的数字化危机治理。在案例部分，对于 2020 年初期武汉涉疫舆情进行大数据分析，归纳不同阶段舆情分布特点及其对武汉城市形象带来的不利影响，并针对性地提出城市形象重塑的策略。

第六章围绕三维框架中用户平台的数字沟通问题展开讨论。本地市民作为最重要的利益相关者，是检验城市形象塑造结果的最直接评价尺度。良好的城市形象能够促进本地市民的地方认同，同时市民的地方认同也会促使他们参与到城市形象的塑造之中。智慧城市的创建改变了市民的公共交往方式，拓展了城市数字沟通的社会维度。因此，城市管理者要从数据平台、价值取向以及媒介素养角度来提升数字城市的沟通力。在案例部分，通过参与观察、文本分析与深度访谈的研究方法，考察武汉"城市留言板"这一网络公共平台的协商机制。

第七章围绕三维框架中用户平台的用户影像生产展开讨论。随着视觉技术的发展，城市形象借助不同的视觉文化形式得以再现和塑造。本章分别归纳现阶段两种主流的城市影像生产模式：城市宣传片和城市短视频，提出当前城市影像生产应该结合官方和民间的两种力量。在案例部分，通过对抖音平台武汉城市话题挑战的短视频进行内容分析，探索机构与个人在生产城市形象短视频方面的异同，并检验其传播效果。

第八章为结论。

第二章
城市景观与形象传播

一、城市形象的物理空间要素

在凯文·林奇看来，城市形象（或称城市意象）是城市中"成千上万不同阶层、不同性格的人们在共同感知或享受的事物，而且也是众多建造者由于各种原因不断建设改造的产物"（林奇，2016：1）。国内的城市形象传播专注于虚拟世界的符号或文本传播，这与拉班（Raban，1974：57-84）的"软城市"不谋而合：它是一座符号的城市、图像的城市、表达的城市、运动的城市和由一个个瞬间构成的城市；它是一座"风格大卖场"。从现实的意义上讲，城市就是一个交流系统，是一组符号的集合，它们标志着权威、状态和影响、胜利和失败（肖特，2011：433）。但这一研究视角忽略了城市物理景观所发挥的具身传播作用。

城市不仅仅是一个物质实体、一群人工作和生活的场所，还是一个象征着许多独特东西的地方。城市是一件想象的、隐喻的和符号的作品。蒙哥马利（Montgomery，1998）曾建构了一个关于地方的复合派生模型，它是由形式、活动和形象三者交汇的结果（见图2-1）。

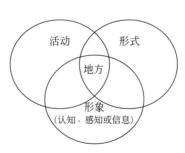

图 2-1　地方的复合派生模型

地方形式包括地方的规模、密度、渗透性、地标、地方建筑和空间系统等；地方活动包括多样性、活力、街区生活、市民凝视、咖啡文化、事件和地方传统、地方流动、游客游览等；地方形象包括符号和记忆、图像性和易读性、感官体验和联想、心理接近以及国际化等。城市是地方的一部分，因此，可以用该模型来定义媒介技术渗透以前的城市与城市形象：城市形象与城市的物理形态和空间中人的活动息息相关。

接下来本章将从林奇和麦夸尔（Scott McQuire）两位学者入手，探讨城市形象所涉及的物理空间要素。

（一）城市意象的五要素

林奇这样定义"城市意象"，它应是多数城市居民心中拥有的共同印象。在其中，"可意象性"是评价在一座城市的物理环境中，能否唤起人们强烈意象的特性。在这一特殊意义上，一个高度可意象的城市（外显的、可读或可见的）应该看起来适宜、独特而不寻常，应该能够吸引视觉和听觉的注意和参与（林奇，2016：5-7）。林奇（2016：35-36）将城市意象归纳为五种有形的元素。

一是道路。道路是观察者习惯、偶然或是潜在的移动通道，它可能是机动车道、步行道、高速公路、隧道或是桥梁。特定的道路可以通过某种方式成为意象特征。城市街道上发生的各种社会和文化活动，造就了城市生活结构的互动、分离和联系。同时，城市道路作为可被地方政府以及城市居民意象化的符号载体，它代表着被建造时的历史、建造的设计风格以及一种独特的消费文化。国内大中型城市流行的步行街就是典型的消费生活街道，比如上海的南京路步行街和武汉的江汉路步行街等。

二是边界。边界属于线性要素，但它没有与道路同等对待，它是两个部分的边界线，是连续过程中的线性中断，比如海岸、铁路线、围墙等。它能够把一些普通的区域联结起来，像是一座城市在水边或是城墙边的轮廓线。比如，延绵 7 千米的武汉长江边的江滩公园，不仅起到区隔陆地与江水的防洪作用，还是城市景观带和生态屏障。

三是区域。区域是城市内中等以上的分区，是二维平面，观察者从心理上有"进入"其中的感觉，因为具有某些共同的能够被识别的特征。决定区域的物质特征是其主题的连续性，它可能包括多种多样的组成部分，如纹理、空间、形式、细部、标志、建筑形式、使用、功能、居民、维护程度、地形，等等（林奇，2016：51）。上海的外滩就是典型的主题区域，外滩的都市空间既是东西方文化交流的一个结果，本身又作为一个媒介，构筑了人与人、人与社会的新型关系（孙玮，2011）。

四是节点。节点是在城市中观察者能够由此进入的具有战略意义的点，是人们往来行程的集中焦点。它们首先是连接点，如车站或道路交叉点；也有可能是聚集点，类似于街角的集散地或是一个围合广场。比如乌克兰首都基辅市的独立广场（见图 2-2），由主街赫雷夏蒂克街（Hershettick Street）贯穿，并作为地铁一二号线交界处而成为基辅的交通中心。独立广场的名字是为了纪念 1991 年乌克兰脱离苏联而独立的事件，广场上有一座纪念柱，柱顶是斯拉夫民族的母神——贝利黑那亚（Pelihenaya），纪念柱旁的雕塑群则是古基辅的奠基人。广场旁还有一个和平柱，柱子上的地球仪被和平鸽环绕，象征着世界和平。

图 2-2　乌克兰基辅市的独立广场①

① 笔者 2019 年 8 月 12 日在乌克兰基辅拍摄。

五是标志物。标志物是另一种类型的参照物，它通常是一个定义简单的有形物体，比如建筑、标志、店铺或山峦，它是许多城市潜在要素里最突出的一个元素。标志物具有某种唯一性，越是熟悉城市的人越要依赖于标志物系统作为向导，开始欣赏独特性和特殊性（林奇，2016：60）。譬如，1924 年建成的武汉海关大楼——江汉关大楼（见图 2-3），以 46.3 米的海拔成为当时汉口最高的建筑物。无论从设计、位置还是形象凸显上，都映射了当时独树一帜的建筑风格和显著地位。虽然大楼的高度放在当下并不出众，但它成功转型为时间维度上的历史性标杆，成为城市表达文明的"舌头"。

图 2-3　1928 年的汉口江汉关大楼 [①]

（二）媒体城市与地理媒介

林奇书写的城市意象要素并没有将媒介技术的变量纳入其中，如今人们并不是直接借助感官来接触与感知城市意象或形象，而是形成由城市形态、社会实践和媒体反馈共同构造的过程。麦夸尔借助"媒体城市"（Media City）的概念认为，当代城市是媒体—建筑的复合体（media-architecture complex），它源于空间化了的媒体平台的激增和杂

---

① 　图片来源于民国杂志《关声》1928 年第 5 期。

合的空间整体的生产。他特别关注由构成现代城市特征的技术、建筑与新兴社会关系间的独特纽带所构建的空间与时间之间的社会关系（麦夸尔，2013：1-2）。因而，无论是家还是街道抑或城市，现在都被视为媒体装置的组成部分，这些媒体装置会在其领域内重新分配社交互动的规模和速度（麦夸尔，2013：10）。

为了进一步阐释媒介与城市地理空间的嵌入关系，麦夸尔又提出"地理媒介"（geomedia）的概念，他描述了这样一种景象：媒介技术创造的虚拟的"公共空间"与广场、街道、公园和建筑等实体的城市地理空间合二为一。地理媒介的概念由四个彼此关联的维度交叉构成：位置感知、实时反馈、融合与无处不在。位置化的信息在城市空间中支持并实现了各种新的社会实践和商业逻辑；数字网络分散的架构使得多人对多人实时的反馈回环成为可能，提供了新的社会共时性体验；融合兼顾传统媒体的转型和新型媒体的涌现；媒介既帮助人们从"地点"解放出来，又成为如今地点制造的重要形式（麦夸尔，2019：1-4）。

麦夸尔在《地理媒介》中借用"谷歌城市""参与式公共空间"以及"第二代城市屏幕"来论述地理媒介所构建的复杂关系。"谷歌城市"这一部分通过"谷歌街景"考察城市数字平台的意义，城市形象对于地图绘制具有重要影响，而地图绘制对于数字经济的重要性取决于数字形象和数字存档功能的增强；"参与式公共空间"则聚焦当下公共空间中的数字艺术实践，以探索社会技术网络环境中涌现出来的新形态的公共交往；"第二代城市屏幕"重新审视公共领域与公共空间之间的关联，提供跨国传播经验（麦夸尔，2019：9-10）。

二、景观形象与城市感知

城市中的物理景观和虚拟形象是密不可分并有机融合的。正如芒福德（2005：1）所言，城市既是神圣精神世界——庙宇的所在，又是世俗物质世界——市场的所在；它既是法庭的所在，又是研究知识的科学团体的所在。城市这个环境也会促使人类经验不断化育出有生命含义的符号和象征，化育出人类的各种形式模式，化育出有序化的体制和制度。任何一种类型的景观都对文明的人类有其特殊的意义。天文学、地质学、生物学、风景画、诗歌等，使得人类可以走出去，以与祖先不同的心境来面对自然（芒福德，2005：374）。

我国学者张鸿雁将城市文化景观看作一个城市的历史和城市文化模式构成要素，一般可分为自然景观和人文景观。他将城市景观的社会意义归纳为四个方面：一是居住形式、形态的样式与布局；二是城市所属国家、民族和区域文化的创造，即城市个性化人文景观的开发；三是完全作为艺术的装饰性景观，即为城市美化而构建的文化景观，这一系列本身即是景观的"代言人"和象征；四是城市景观人性化思考和超前的人类社会的自然回归（张鸿雁，2004：93-95）。

景观与形象的勾连有赖于人的感知体验。在城市景观之间，人们不仅仅是居住的个体或是简单的观察者，而且与其他参与者一样成为场景的组成部分。这可以被理解成为林奇（2016:3）口中的城市意象的"可读性"或者说是唐纳德（Donald，1995）笔下的城市文本"阅读"。对于城市形象的感知是大众对某座城市的印象，它是理性解读和感性认知的结合，它包括对城市属性的认识与信念，也涵盖对城市整体的评价和看法。换句话说，城市形象是对城市景观的动态感知与认识，它需要感官的刺激，而刺激强度取决于对城市客观事物与认识主体的特性。林奇认为，这种感知元素能与城市相关的时间和空间的精神感受相关联，也能帮助理解其异时空的观念价值。城市感知最简单的感受形式是"地方特色"，即"一个地方的场所感"，它包括体会光线的变化，感受风的吹拂，享受触摸、声音、颜色、形状，等等（林奇，2001：93）。

斯约斯特洛姆（Peter Sjostrom）在《城市感知》（*City Senses*）中，从城市规划师的角度分析人们如何借助多重感官来体验城市。他认为，城市感知的尺度可以理解为人们通过自己的身体对城市空间信息获取的范围。读取城市空间信息的途径包括视觉、听觉、味觉－嗅觉、触觉等（斯约斯特洛姆，2015：17-47）。

（一）视觉感知尺度

视觉感知范围较其他感知要广，并且也是最容易获取的感官要素。人们对于城市空间的视觉感知尺度远至几十千米范围内的自然河湖、山体，近至临街建筑门把手的材料、路人的言谈举止。无论我们身处何地，无论视觉感知的尺度有多么远和宽广，无论在什么样的视觉感知条件下，脚下和身旁的空间始终在我们视线范围之内。试想一下，当你在北京景山公园之顶欣赏故宫及北京城的时候（见图2-4），你脚下的铺地石材、身旁的柏树同样构成你的视觉感知内容，而且是你进入场所首先获取的视觉信息。

图 2-4　北京景山公园观景平台鸟瞰故宫全景①

除了城市具体景观以外，城市街道的文字也会影响大众的视觉体验。在这些空间移动随处可见各种街道文字，固定的招牌、路标，临时

---

① 笔者 2016 年 7 月 26 日在北京景山公园拍摄。

的告示、海报或是行驶中的车身广告，都是文字的信息传达。不只形状，色彩也是城市的重要文化属性：城市本身是一种色彩的表现体，人们生活在城市里，就是生活在某种色彩关系之中。人们在城市中能够感受到建筑的比例、稳定、点线面的关系，以及各种垂直感和平衡感的物质形式，在心理与视觉上都与色彩有一定关联（张鸿雁，2004：274）。比如，印度的"粉红之城"斋浦尔（见图 2-5）以及摩洛哥的"蓝城"舍夫沙万都是以具体主色调而闻名的城市。不过，以"雾霾"为代表的空气污染会阻碍人们的视觉体验，使得人们对城市里日常生活空间的视觉感知范围大大缩小。在雾霾浓度高的日子，区域尺度甚至城市尺度的视觉感知机会几乎完全丧失，甚至在 50 米以下的近距离内也仅能模糊辨认建筑的轮廓和风格等。

图 2-5　印度斋浦尔的风之宫殿 [①]

（二）听觉感知尺度

听觉是人类获得城市空间信息的重要途径之一，也是人际交往的主要沟通渠道。在视觉受到空间障碍物及亮度限制的时候，听觉仍可发挥

————————
① 笔者 2019 年 1 月 20 日在印度斋浦尔拍摄。

作用。20 世纪 60 年代末，加拿大音乐家谢弗（Schafer，1969）针对当时的热门生态学问题如水质、大气、土壤等，阐述了噪声问题的重要性，并提出"声音生态学"的概念。随后学界衍生出声景的概念，它源于地理景观的听觉属性，是指把这些个别声音的组合作为一个整体的声环境来进行捕捉。声景包括所有在场地中出现的、区分和识别具体场地的不可缺少的声音，并且声景强化了人的场所感知（葛坚、卜菁华，2003）。

由于听力的限制，与城市生活相关的区域尺度的声音类型较少，城市尺度的声音则较为丰富，如教堂的钟声、钟鼓楼的钟鼓声、滨海城市的潮汐声、海港城市轮船的汽笛声、海关大楼的报时钟声、河水流淌的声音等。不同的声源影响的距离不尽相同。比如，武汉江汉关大楼的钟声最早是途经汉口往来货船的时间媒介，并在时钟尚未普及的时期，建构了市民的时间准则和地方认同。不过，城市的现代化带来了更多的城市噪声。随着越来越多的汽车进入城市，汽车噪声逐渐主导了城市的声音环境，人与户外空间在声音上的积极交流变得越来越少，鸟啼、蛙鸣、街道上人们的聊天声、儿童们悦耳的笑声等令人愉快的声音都被汽车的噪声所掩盖，很难被感知进而调节我们的心情。

（三）嗅觉 – 味觉感知尺度

长期以来，嗅觉一直是我们所有感觉中最为神秘的东西。淡淡的气味如大部分植物的清香味、泥土的气息在无风的情况下只可在小于 1 米的距离内被嗅到，较浓的气味如渔港的味道、特殊种类的树木花草的味道（如桂花、茉莉、天竺葵、九里香等）在无风的情况下则可在约 3~5 米距离内被嗅到。嗅觉对于激发起人们对某一特定地方的回忆特别重要，一般是因为某些物体和它们特有的气味被认为是存在于特定地点的（Tuan，1993：57）。尽管我们不一定能叫得出某一特殊气味，但嗅觉能帮助我们产生和保持对某一特别地方或经历的感觉。

对于地方而言，嗅觉可能是识别某一城市最有趣的途径和角度，它不仅能传递各地居民的饮食习惯信息、自然气候条件信息、泥土和孕育的植物信息等，也能传递当地居民生活的习惯信息。每年的 3 月 15 日到 4 月 15 日，正是日本樱花最繁茂最美丽的时节，东京、京都、奈良等城市都会围绕樱花节来开展推广活动，吸引全世界各地的游客。节日期间，各大公园和景区熙熙攘攘，游客们看樱花，赏樱花，与樱花合影，或是聚在樱花树下野餐（见图 2-6）。整个城市空间都沉浸在淡淡的樱花的清香之中，这段时间可称得上是视觉与嗅觉的盛会。

图 2-6　东京市民在代代木公园樱花树下野餐①

　　嗅觉与味觉是相通的，人们的嗅觉 – 味觉偏好可以延伸至城市户外空间。当我们经过沿街的咖啡馆、面包房或者小吃餐厅时，咖啡、面包以及饭菜香味都能刺激我们的嗅觉及味觉系统。品尝美食佳肴的瞬间感知，能够赋予人们对于某个地方长久和强烈的嗅觉记忆，从而强化对于特定空间的场所感。与前面类似，不恰当的城市功能布局也会带给城市居民大量消极的嗅觉感知体验，包括来自工厂区排放的污染气味、街道上弥漫着的汽车尾气或者沿街堆放的垃圾的臭味、恶劣的气候环境如沙

① 笔者 2018 年 3 月 22 日在日本东京拍摄。

尘暴以及雾霾等，这些消极的嗅觉感知涉及区域、城市、场地等不同空间尺度，对人们的日常生活造成严重影响。

（四）触觉感知尺度

触觉是指分布于全身皮肤上的神经细胞接受来自外界的温度、湿度、压力、振动等方面的感觉。用触觉去感知城市是人与城市对话的一种不可忽视的途径。触觉是身体尺度的感知，人们通过触觉去保护自身安全，并通过触觉去分辨事物趣味性的强弱。触觉感知可依据分布范围分为自然气候类和具体物质类，例如和煦的微风、温暖的阳光、绵绵的细雨、纷飞的雪花等是属于美好感知的地域性自然气候现象，处于不同的地理位置和季节，城市之间存在较大差异。

在日常生活的城市户外空间，多数情况下触觉感知环境因距离的限制集中在场地尺度。例如地面的材质、座椅的材料、树干的肌理、花草叶子及花瓣的质感、商店弧形门把手的构造、被人们频繁触摸而发光的铜质雕塑等（斯约斯特洛姆，2015：46-47）。

三、地标建筑、城市天际线与媒介呈现

（一）地标建筑与城市个性

建筑物是城市居民日常生活和交往的物理结构空间，它为人们提供了安定的住所以及与他人沟通的固定场景。然而，建筑物并不仅仅具有功能属性，它还是城市内部的艺术表征。芒福德认为，建筑的艺术性与应用性是不可分割的。一幢建筑物，无论多么粗陋，也无论其建造者自觉表达的能力有多么天真幼稚，这幢建筑物都会以自身的存在讲述自己的故事。建筑，用某种方式通过建筑物的形态语言，向观众或使用者

传达建筑物所蕴含的意义，充分激发出他们的共鸣，进而让他们一起参与到建筑物的各种功能中来（芒福德，2010：43）。

建筑的艺术表现力在一定程度上能反映一座城市的个性特色。张鸿雁将城市个性分成静态与动态两层含义来解读：静态地看，城市个性是一种状态和结果；动态地看，城市个性则是一个内涵不断丰富的自然历史过程。城市个性是一座城市在其发展过程中逐渐形成的区别于其他城市的自然与人文特点（张鸿雁，2004：124）。德国学者莱克维茨（Andreas Reckwitz）在《独异性社会》中认为"地方"就是独异的空间。威尼斯或巴黎的城市风景和街景，它们的气氛以及那些与它们关联在一起的文化联想、文化记忆，使它们长期以来都被看作"别具一格"的地方（莱克维茨，2019：43）。

地标建筑是构成城市个性和提高城市知名度的重要因素，并且以其实体承载了精神的、象征的和审美的内容（张鸿雁，2004：137）。很多地标建筑会成为人们提到某座城市的下意识反应，比如一提起巴黎首先想到凯旋门与巴黎圣母院；一提到北京首先想到的是故宫和天安门；一提到南昌首先想到的是滕王阁。很多地标往往是较高的建筑物，诸如胡夫金字塔或埃菲尔铁塔。它们都是独一无二的信标，它们的高度除了具有象征性意义之外，并无特别的实际功用。这些公共的信标是宗教性或政治性的，或像埃菲尔铁塔那样，是一种抽象技术进步的象征（科斯托夫，2005：280）。

除了这些具有历史文化底蕴的建筑物以外，不少人造建筑借由社交媒体的力量转化成"网红建筑"，成为吸引市民与游客关注的流量打卡地。如今的建筑不仅是一个实体的存在，它同时在网络上有一个再生体，或是替代物。某种程度而言，建筑的再生体在网络上的符号价值甚至超过了建筑实际价值本身。比如，秦皇岛海边的阿那亚"孤独图书馆"，不只因为独特的建筑设计而著称，还在于它与周边空旷孤寂的环境融合所带来的浪漫想象成功吸引游客前来拍照打卡。建筑学家李翔宁曾总结"网红建筑"的三个特点：一是有适合拍照的大墙面；二是需要有一些洞，可以提供框景视点或是特别的光线角度；三是需要有一个大的空间，通过一种奇观式的体验，使人们从日常生活中抽离。①

（二）城市天际线与鸟瞰城市

上文所提到的城市高海拔建筑（如埃菲尔铁塔）基本都属于公共物品，归属权为地方政府或者国家。而兴建于 19 世纪美国的摩天大楼属于私人物业的产品，它们自诞生起就主宰了城市的视觉形象，并一跃成为城市各个领域的化身。正如史蒂文森（Deborah Stevenson）所言，"在巴黎，只有宗教性或政府机构的大型纪念建筑允许超过高度限制；在伦敦，只有纯粹用于观赏的高塔可以高过城市的屋顶线。然而，在纽约，高耸入云的商业塔楼已经成为城市天际的明显装饰，建造这样的高楼大厦更是房地产商不可剥夺的权利"（史蒂文森，2015：4）。科斯托夫（Spiro Kostof）也表达了相似的观点，当城市中心最终聚集着高层办公楼的时候，我们意识到城市形象已经屈服于私人企业自我宣传的渴求（科斯托夫，2005：296）。

摩天大楼也被称为城市天际线。它们是城市个性的浓缩，是城市繁荣的机缘。任何文化和任何时代的城市都有各自高耸而突出的地标，以颂扬其信仰、权力和特殊成就。这些地标归纳了城市形式，突出了城市意象。工业革命之后，欧美各大城市快速发展，现代意义中的高层建筑在 19 世纪中叶正式出现。1885 年竣工的美国芝加哥家庭保险公司大厦，是目前世界公认的首个现代意义的高层建筑，开摩天大楼建造之先河。随后 100 多年的时间里，一幢幢摩天大楼在工业化、城市化、全球化的进程中拔地而起，不断刷新城市的天际线。

摩天大楼不只是被凝望的意象，站在楼顶还能满足现代人眺望城

---

① 李翔宁："网红建筑"里蕴含着未来建筑的一种走向，详情请见：https://www.artdesign.org.cn/article/view/id/50062.

市全景的视觉需求。人类自古就有登高望远的需求，王之涣的"欲穷千里目，更上一层楼"代表了人们登高放眼、不断拓展新视野的愿望。在建造摩天大楼之初，向往天空的人们习惯在楼顶设置观景台，从高楼的顶层鸟瞰整座城市，广阔的视野让观者跳脱日常生活视角，从而深入异类视角。例如，上海浦东新区拥有三座摩天大楼：上海中心大厦、环球金融中心和金茂大厦，游客在其观景台鸟瞰上海外滩夜景的体验已成为城市主要的旅游产品。

除了摩天大楼观景台外，人类还曾采取多种形式记录鸟瞰的城市风景。1860 年，美国摄影师詹姆斯·布莱克乘坐热气球，在波士顿 630 米的上空拍摄了现存最古老的航拍照片。20 世纪后期以来，技术的进步将短暂的俯视瞬间记录下来，机械摇臂、航拍直升机以及谷歌地球可以给专业机构提供鸟瞰素材。无人机航拍借助机器作为人体的"义肢"，把"眼睛"和"翅膀"有机结合，创造出了模拟的感官和奇异的观看方式。无人机所提供的鸟瞰视野能够以文字和地面摄影所无法匹配的方式传达准确的新故事（黄骏、徐皞亮，2019）。例如，纪录片《航拍中国》动用了 57 架无人机拍摄 6 个省级行政区，用 4K 高清画质记录这些行政区域的地形地貌、气候环境、自然生态，取得了良好的收视效果。

（三）城市景观的媒介呈现

除了上文提到的特殊的航拍记录方式之外，城市景观与媒介（特别是影像媒体）的联结已经持续了一个多世纪。最早再现城市景观的方式是艺术家的绘画，不过由于早期画作的唯一性和不可复制性，其传播城市意象的规模与影响力都很局限。直到摄影技术的发展，实现了本雅明（Walter Benjamin）笔下的"机械复制"：城市通过摄影术再现自身的图景。如果说意象是城市形象的内容和源泉，那么摄影术就是再现城市形象的重要手段。在 20 世纪"街头摄影"这一艺术形式朝着一个令人神往的方向演变，与技术进步相结合的革新性框架技术已经改变了记录城市社会生活的方式。

早期街头摄影的形象首先出现在明信片上，它将城市中最特殊的部分定格并呈现给非本地的观众。明信片通常代表了对一个地方的刻板印象，而这一印象受该地方的历史、政治或社会语境的影响（莱瑟姆，2013：85）。麦夸尔（2013：64）认为，明信片加深了这样一种新兴的理解：城市是碎片的集合，是由多种视角构成的地域，是一个不再能被纳入单一权威视角所拍摄的空间。他尤其强调明信片对于塑造新巴黎形象的作用。来自1889年的百年博览会纪念明信片将埃菲尔铁塔树立为现代性的首个重要象征，而1990年的世界博览会标志着明信片全景敞视主义的高峰。城市管理者和商家将摄影图像印制成明信片或其他纪念品，这些纪念品将某一地区描述为银河系中的沧海一粟，同时又成为非比寻常的特殊焦点。

影像的发展进一步深化了摄影对于城市的再现作用，它在方法论上成为他者认识某一城市或地区的重要手段。影像使得信息得以在身体缺席的情况下进入社会情境之中，影响人们的行为。更进一步的变化是，不仅身体缺席，个人也不在场了，这些景观的直接捕捉者不再是一个稳定的个体，而是镜头这个"虚拟"的主体，是以多个零散的主体拼贴而成的（孙玮，2014）。城市形象宣传片就是从品牌的角度出发，通过镜头来塑造城市形象的广告，使非本地人能够第一时间获知当地城市理念的独特性与差异性。正如武汉城市形象宣传片《大城崛起》描绘的那样：江汉关回荡着威斯敏斯特教堂的钟声，轮渡从广袤的长江经由郁郁葱葱的南岸嘴，驶向支流汉江……这些影像通过航拍技术和镜头语言得以呈现，是城市被重新概念化的一个蕴含着信息和图像的虚拟结构，塑造着"身体缺席"的人们对于这座城市的印象。

大众媒体影像不仅是工具性地再现城市形象，而且通过电影、电视剧和音乐等流行文化方式生产城市形象。美国空间理论家爱德华·索亚（Edward Soja）阐述了后都市的第六种语言，即后都市作为拟像城市，其对真实世界的模仿，日益吸引和激活我们的城市想象，并渗透到我们日常的城市生活中（汪民安、陈永国、马海良，2008：39）。麦夸尔（2013：1）宣称，电影使得一系列异质化的支离破碎的感知和有关城市的直觉转化成了具体化的情感体验。他还援引本雅明的话语来证明电影对于观众都市体验的作用：

我们的酒吧和城市街道、我们的办公室和配有家具的房间、我们的火车站和工厂似乎无情地环绕在我们周围。随后电影到来了，并用其一触即发的炸药炸毁了这个监狱世界，使我们现在得以在相隔遥远的残骸中平静地踏上冒险之旅。空间因特写镜头而得以拓展，运动因慢动作而得以延伸。正如放大不仅澄清了我们"无论如何"都看不清楚的东西，而且像曝光了全新的物质结构那样，慢动作不仅揭示了运动的熟悉方面，而且揭露了其内部相当陌生的方面。（Benjamin et al., 1996：117）

电影将某些特殊的都市体验带到了观众面前，能让观众将现实生活带入虚拟性的场景里。例如，纽约帝国大厦是电影《金刚》的核心叙事手段；而马来西亚双子塔的形象因与贫民窟住宅区景象的电影拼接而受到了损害，激起了引人注目的公众争论（莱瑟姆，2013：88）。

市民日常消遣的电视剧同样充当着生产城市形象的作用。剧中男女主角日常活动的场所以及他们所演绎的剧情元素，都有可能作为生产出的形象，变成游客们旅行朝圣的地点。例如，在电视剧《我可能不会爱你》中，每当女主角程又青苦恼时，男主角李大仁都会带着她爬上台北市的象山，边喝台湾啤酒边眺望以台北101大楼为主体的城市夜景。看过电视剧的观众如果去台北旅游，很多都会尝试将"登象山、赏夜景"纳入城市旅行的体验清单中。此外，赵雷的《成都》和冯翔的《汉阳门花园》等民谣歌曲都借助悠扬的曲调和回忆叙事的歌词，诉说着城市过往所特有的人间烟火。

四、社交媒体与城市景观资源

上文所介绍的明信片图像以及电影、电视剧和音乐等流行文化所构建的城市形象，多是基于传统大众传播媒介的传输特点而形成的。在其中，所有的受众都是城市内容的消费者，传播过程的发生也呈现单一的自上而下的线性渠道。社交媒体的流行打破了这一规律，正如前面提到的"网红建筑"一样，城市景观借由移动互联网的传播而呈现出实体与虚拟的双重属性。社交媒体对空间发展决策产生双重影响：一方面它能提供访问、评论和交流决策的关键信息；另一方面，它能够组织并激活空间，创造现实空间的会面。社交媒体使"所有人对所有人"的信息流方向成为可能，它有机会在本地和全球范围内组织和发起活动。就城市而言，社交媒体对于城市景观资源的重组主要体现在以下四个方面：

首先，社交媒体是人们获取城市景观资源的主要渠道。随着社交媒体的发展，各种城市景观信息（如城市简介、图片和视频）遍布用户的社交网络，这些信息对于外地游客更为重要。游客在旅行之前会借助各种媒介搜索目的地信息，具体渠道包括马蜂窝、去哪儿网、穷游网等旅游类应用程序，知名旅游博主的公众号或微博、小红书、抖音短视频以及旅游书籍和杂志等传统纸质媒体（黄骏、徐皞亮，2021）。这些媒介信息不仅帮助外地游客规划城市旅游行程，还影响着他们对于城市游览目的地的选择。现代旅游者出门旅行是为了验证他们从网络媒体或纸媒中所获得的关于世界的想象（刘丹萍，2007）。在其中，"媒体朝圣"被塑造成为人们去往某个特定目的地的规律性行为，它是一种通过凝视的仪式来满足"前理解"的过程。比如，日本镰仓市的"镰仓高校前"电车站作为《灌篮高手》取景地，成为众多动漫爱好者的朝圣地（见图 2-7）。

图 2-7 镰仓市的《灌篮高手》取景地①

其次，位置媒介成为城市空间体验的工具。"位置媒介"（locative media）将虚拟网络空间和城市实体空间杂糅在一起。移动传播技术改变了城市活动者的出行体验，体现在对于电子地图、位置媒介、实时导航等应用程序的使用上。具体而言，手机搭载的移动电子地图能为用户出行规划线路，使人们可以根据步行、乘车、开车等不同需求来选择不同的线路；位置媒介作为城市流动空间的一种"流动力"，使用户能随时随地确定自己的方位，并能在更大范围内表达和分享多元意涵的城市想象；实时导航技术能够帮助用户学习和记住街道，并使其在寻路的过程中重新构筑城市的意象，从而弄清楚城市是如何运转的。

再次，人们对城市景观资源的感知从视觉凝视转向社交化表演。按照厄里（2016：1）有关"旅游凝视"的论述，游客会凝视或观看非比寻常的城镇景观，这有别于他们的日常生活。随着视觉技术的发展，旅行摄影成为游客凝视自然或人文风景区的有形化与具体化实践。进一步来说，以手机为代表的移动传播技术打破了以往凝视与生活间的前后台

———————————

① 笔者 2018 年 3 月 20 日在日本镰仓拍摄。

区隔。游客往往通过后台的精心演绎搜集符号化、有形化与具体化的影像，并通过以社交媒体为代表的"前台"装置展现出来。人们在城市中漫步，选取独特的景观以写意摄影方式展示情绪和身份，并通过"前台"的社交媒体展现在互联网上。各种媒介技术不断拓宽旅行者或漫步者对于城市的凝视，它不仅延伸了身体感官，还影响着旅行"在场者"与"不在场者"之间的关系（黄骏、徐皞亮，2021）。

最后，景观评价与线上景观资源的闭环。市民和游客在参观和感知城市景观后，会将个人感受上传到社交媒体上形成新的数据资源，从而完成从获取资源到评价资源的闭环。这一闭环在长期的媒体信息汇聚中对城市公共空间带来影响：借助用户之间在社交媒体的信息传输和讨论，提高人们对公共空间特定部分的兴趣来吸引人流，而人的存在会导致该公共空间的消费潜力被激活（Bonenberg & Cecco，2018：54-55）。用户生产内容逐渐成为移动互联网平台上城市景观的主要信息来源。他们所拍摄和分享的数据信息，在规模和质量上已超过了传统大众媒体平台。比如，社交媒体使用者发布的城市游记，不只在亲朋好友间流传，更轻易地通过用户生成内容的社交网站、照片和视频分享平台传送到"陌生人"手中（厄里，2016：28）。

五、武汉"知音号"游客的地方感知：案例研究

"知音号"是一部漂移式多维体验剧，也是一艘以20世纪30年代民国风格打造的大型主题演艺轮船（见图2-8）。这一全新的沉浸式旅游演艺体验项目，其轮船锚地位于武汉市汉口江滩五福旅游码头，移动区域则涉及武汉两江四岸核心旅游区。[①]"知音号"演出打破传统观演习惯，

---

① 知音号官网：《项目介绍》，详情请见：http://hb.sina.com.cn/city/2017-02-23/city-ifyavvsh6065298.shtml.

以沉浸式的演艺与互动，逼真地还原民国时期大武汉的世相万千。"知音号"体验剧于2017年5月20日公演以来，综合接待游客超过70万人次，演出千余场，一直热度不减。① 2021年3月，在武汉市文化和旅游局等部门主办的评选活动中被评为"武汉十大景"。② "知音号"体验剧已成为现象级文旅作品，受到本地以及全国各地游客的广泛热议，在各大旅游类社交媒体上形成了数量丰富的游记、点评，因而获取游客体验资料更为方便。本章选取"知音号"项目作为研究案例。

图2-8 "知音号"的全景图③

本节的案例数据来自网络游记和点评等二手资料，本节从国内点击率较高的旅游网站如马蜂窝网、去哪儿网、穷游网等平台中选取景点评论、游记攻略。先以"知音号"为主题词进行搜索，再以"武汉旅游"为主题词扩大搜索范围。游记筛选的标准如下：时间跨度为2017—

---

① 极目新闻：《先行先试，湖北唯一！知音号入围2021年度国家级服务业标准化试点项目》，详情请见：https://baijiahao.baidu.com/s?id=1701184946375470849&wfr=spider&for=pc.

② 武汉市文化和旅游局：《"武汉十大景"名单正式出炉》，详情请见：https://www.mct.gov.cn/whzx/qgwhxxlb/hb_7730/202103/t20210311_922810.htm.

③ 笔者2021年4月22日拍摄。

2021 年；阅读量靠前；游览过程描述较完整，字数超过 100 字，并且表达内容涉及旅游地意象。根据筛选标准，最终采集了有效游客评论、游记，共计 81 篇（详细题录见附录一）。其中，在马蜂窝上选取了 46 篇（M001-M046），包括 41 683 字的文本内容和 598 张配图照片；在去哪儿网上选取了 15 篇（Q001-Q015），包括 15 379 字的文本内容和 149 张配图照片；在穷游网上选取了 20 篇（Y001-Y020），包括 3611 字的文本内容和 11 张配图照片。随后对文本资料进行预处理，如剔除文本中的符号表情、字母、数字以及与研究对象无关的语句。本书所考察的评论和游记发表时间跨度为 2017 年 6 月 17 日至 2021 年 6 月 5 日，长达四年，基本吻合知音号首演至今的时间长度。

本节以扎根理论研究法为分析路径，对 60 673 字的游记文本进行了词频分析，并自下而上建立了三个层级的编码，分别通过开放式编码、主轴编码以及选择性编码的操作过程展现分析结果。在概念化过程中，研究者对分析材料和概念维度的建构进行持续的对照和修正，既在编码时逐渐形成维度体系，又在维度体系的架构过程中持续发现新编码，根据实证材料对编码进行调整、删除或合并。

（一）游客感知的总体特征分析

如表 2-1 所示，依据 ROST CM 6 分词词频统计后，去除介词、连词、数量词及其他无关词得出的结果展现出以下特征：统计出的前 100 位高频词的构成以名词和动词为主。其中，词频在 100 次以上的词汇有"知音、武汉、故事、演员、时间、表演、码头"，这恰好反映了"知音号"体验剧给游客留下最深刻印象的是剧情故事和演员的表演。在此基础上，还生成了游客感知的总体特征构成词云图（见图 2-9）。

纵观整个高频词类型，游客对所处的空间环境有着强烈感知，例如排名前列的"码头""房间""船舱""甲板""舞池""船上""酒吧"等词频均在 50 次以上，是游客进入"知音号"后最先感受到的显性体验。

同时，船在航行过程中的移动空间，也是游客对外部环境进行感知和体验的另一大类型，如"长江""城市""夜景"等。其次，游客对时间上的感知也是"知音号"的主要体验类型，特别是民国文化主题带给游客的穿越感，使百年前的时空与当下产生勾连，因此像"民国""年代""穿越""世纪"成为高频词汇。第三，"知音号"体验场景的细节表现，将游客代入主体构建的沉浸式氛围，自觉参与到剧情互动中，如高频词中出现的"旗袍""明信片""邀请""换装""黄包车""长衫"，等等。

表 2-1　网络游记高频词统计（前 100 位）

词条	词频	词条	词频	词条	词频	词条	词频
知音	422	城市	35	现场	23	乐队	15
武汉	205	舞厅	34	记忆	22	两岸	14
故事	195	文化	33	跳舞	22	买票	14
演员	177	一层	33	走廊	22	时代	14
时间	141	明信片	30	邀请	21	定格	13
表演	131	游轮	32	音乐	21	换装	13
码头	118	夜景	30	角落	20	历史	13
房间	99	灯光	30	汉口江滩	20	讲述	13
体验	89	服装	30	互动	20	生活	13
民国	83	轮船	29	喜欢	20	相遇	13
船舱	80	朋友	29	船客	18	导演	12
观众	78	世纪	29	博物馆	17	等候	12
旗袍	72	时光	29	背景	17	江景	12
拍照	68	舞台	29	报童	16	实景	12
登船	62	二层	28	道具	16	小姐姐	12
甲板	59	三层	27	多维	16	欣赏	12
舞池	57	船票	27	工作人员	16	寻找	12
船上	56	角色	27	剧情	16	照片	12
长江	56	复古	26	旅行	16	黄包车	11
酒吧	54	沉浸	25	人生	16	长衫	11
场景	52	剧场	25	吧台	15	打卡	11

续表

词条	词频	词条	词频	词条	词频	词条	词频
感觉	50	下船	25	报纸	15	广播	11
游客	48	地方	24	舱室	15	融入	11
年代	46	漂移	24	穿梭	15	完美	11
穿越	44	人物	23	顶层	15	细节	11
衣服	42	戏剧	23	旅游	15	专业	11

图 2-9　游客感知的总体特征构成词云图

（二）游客感知的时空维度分析

本节对文本材料 M001-M046、Q001-Q015 进行了开放式、主轴式和选择式三阶段编码，进而得出主要概念并建构理论。文本材料Y001-Y020 被用于进行饱和度检验，因未产生新的符码，故判断编码达到饱和。在编码过程中一个关键性主题逐步浮现出来，即沉浸式演艺体验过程中游客地方感知的时空化表征。在该主题的统摄下依次进行开放式编码和主轴式编码，按照游客地方感知所呈现的空间特征和时间特征分别归拢于"空间感知"和"时间感知"两个主类属，其中既体现空间特征又体现出时间特征的符码则归入"时空感知"或称"穿越感知"的主类属（见表 2-2）。

表 2-2　开放式和主轴式编码过程

主类属	亚类属	次亚类属	符码典型示例
地方感知	地方空间	船外场所	知音号服务中心、检票口、码头、栈桥、换装区、美食区、趸船、装货区、等候区
		船外建筑	旧报亭、租衣亭（服装租赁处）、老石磨、馄饨摊、小吃摊、报纸、水塔、邮筒
		船内结构	客舱（房间）、长廊、舞池（舞厅）、酒吧、咖啡厅、楼梯、走廊拐角、露天甲板、小型 live、蒸汽烟管
		空间氛围	灯火辉煌（通明），灯光闪烁，暗哑的回廊，纸醉金迷的舞厅，十里洋场，霓虹闪耀，华灯初上，歌舞升平，灯红酒绿，两旁的桥打造成外白渡桥，热闹的集市，精美的装饰，昏黄的角落，被华丽的大厅所震撼，色彩斑斓的舞台，那艘船太能代表"汉味儿"了，路过一段旧街区样式的码头就已经开始有那味了，一派纸醉金迷的繁华气象，太平盛世的繁华氛围，整个酒吧热闹起来
	地方场景	户外道具	夜灯、霓虹灯牌、马车、黄包车、老爷车、小轿车、木箱、救生船
		室内陈设	船票、海报、办公桌、老台灯、报纸、香烟、地图、怀表、金丝眼镜、行李架、皮箱、暖水瓶、茶缸、老信件、明信片、民国名刊《良友》、扑克牌、折扇、闹钟、剧照、头面、茶罐、木盆架、电话、高脚杯、水晶吊灯
		穿戴服装	长袍、旗袍、汉服、洋装、民国时期的学生装、男士的西装、大褂、毡帽、礼帽、戏服

主类属	亚类属	次亚类属	符码典型示例
地方感知	移动空间	内场游移	流动式的话剧；身临其境；行走着看话剧；演员们也开始人来人往，模拟着当时的登船景象；踏上甲板，你既是船客也是局中人；近距离看着演员；演员和你都在船上走着；无固定的观众席和表演区，观众与演员零距离接触；演出都是在你身边发生；你随时可以走进故事，随时也可以离开走进下一个故事；走进对应的舱房；按照编码去找房间；躺在床上静静的（地）感受游轮的生活；走廊里的人全都载歌载舞；游客是可以随意走动拍照的；悄悄地游荡；你可以接受演员的邀请，走进舞池，可以去吧台小酌；可以去甲板远眺；自由地穿梭在各个角落，欣赏这出戏的每一个细节；大家可以前往甲板尽情的（地）享受江景和江风；站在甲板上吹风看江景；去甲板上拍照看夜景；大家一起跑到甲板上跳起踢踏舞；整艘船都是舞台，每一处都是故事
		外景漂移	绝美晚霞；长江夜景；美景应接不暇；夜景真的很绝；民国风繁华热闹的夜景；我将随这游轮扬帆起航；随着表演的进行，船也在长江上航行；返程时的江景也很漂亮；民国风情演出和欣赏长江夜景二合一；武汉的夜景美如繁星点缀夏日的夜幕；长江灯光秀正在上演；知音号鸣着笛在江中缓缓前行；两岸璀璨秀美的灯光依次在眼前铺展开来；演出的同时船还在行驶，沿岸的（两江）夜景同样美不胜收；不知不觉，我们已随知音号从码头抵达了长江中心；两旁的建筑变换着灯火的色彩，映着波光粼粼的水面；江滩的夜景也一目了然；为武汉的夜晚带来船在飘（漂），人在飘，故事在飘的精彩演绎

主类属	亚类属	次亚类属	符码典型示例
时间感知	即时感知		复古；怀旧；恍如隔世；如梦如幻；年代感摆件；年代感的音乐和舞蹈；复古与现代的交融；知音号静静的（地）停靠码头；汽笛鸣响；广播里响起缓慢而磁性的音色（声音）；悠扬的老歌；演员的舞姿真的很棒；他们表演的（得）很专业；演员很投入；演员们挺卖力；直击心灵的表演；船舱内的一切都是真实的；房间里的物品，满满都是时光的味道；演员很敬业；沉浸到演员的故事里；穿越的感觉；知音号是"舞台级"的；时光便开始倒流；参与感满满；感觉时间很快，节奏有点赶；场景代入感极强；一场穿越古今的艳遇；现在与过去来回交织的感觉；时（刻）感（知）自己是观看他人旧时时光故事里的路人，亦（抑）或自己就是这个舞台这个时代里熠熠生辉的主角；竟不知今夕是何夕
	记忆感知		20世纪风格；时代的代入感；浓浓的民国风、置身民国的感觉；我们也仿佛回到了一百年前；老上海特有的音乐声在耳畔回响；老上海老洋场的感觉；老上海的风情；颇有海上生明月，天涯共此时的感触；此刻沉浸于其中，脑海中似乎回荡着那时的爱恨情愁；仿佛通过冥想盆，回到了这个人记忆里；带着憧憬终于登船了；民国仲夏夜的氛围；似乎完全融入到了那个年代的梦幻里；让我想起了以前看到的电视剧；像走进了电视剧；如电影般在眼前一幕幕呈现；在《知音号》上你能看到多少经典的影视剧情；有点类似《太平轮》；华美与哀愁并存的民国缩影；这样你就完全是这个民国故事里的一部分啦；感觉自己已经是个发福的

续表

主类属	亚类属	次亚类属	符码典型示例
	记忆感知		民国女记者了；在流逝的时间里遇到民国时期的那份岁月静好；领会那个特定的历史年代，战争，分离与情感的厚重
穿越感知			立体的年代书；行走的历史；踏入码头，切换时空；让你恍惚置身百年前的那个武汉；关于三十年代的老武汉的想象；迅速融入场景中的我感觉到了二三十年代大武汉的舞池中；恰是一趟穿越城市、时光的旅程；一半民国的豪华游轮，一半现代的高楼大厦，这就是两个世界；船舱里的人们在武汉的旧时光里穿梭；一古老一现代，两种气息在时空中交汇融合

首先，就"空间感知"而言，游客在观演情境中所感受到的空间的地方性，是由身体所处的空间、感官接触的空间和自身以及轮船移动的空间三者共同呈现出来的，因而本书将"空间感知"进一步编码为"地方空间""地方场景"和"移动空间"三个亚类属。

具体而言，"地方空间"是当地地方性的重要物质载体，不仅形塑着地方场所和建筑，而且强化了异质性空间的符号边界。"知音号"体验剧由轮船和码头两大空间体系组成，也可以看作船外空间与船内结构的分别。知音号码头虽位于现代化的江滩公园之内，但码头采用的民国风格的外观，使游客极易识别出演艺区域的边界。进入码头检票口以后，游客会立刻感知存在于地方空间中的场景元素，即"地方场景"，比如码头上的旧报亭、剧场老票房，栈桥上的霓虹灯牌、租衣亭、老石磨、馄饨摊、小吃摊，趸船上的黄包车、老爷车、木箱，等等，整个码头被各式探灯照射得灯火辉煌，地方空间和场景共同营造出的"空间氛围"立刻给游客一种民国时代十里洋场的感觉。在游记中，游客将这种空间

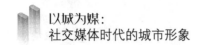

感知形容为"一派纸醉金迷的繁华气象"（M001），"路过一段旧街区样式的码头就已经开始有那味了"（M028）。

当游客们登上轮船进入各层船舱后，作为内部结构的"地方场景"的特性就更加凸显。"知音号"轮船的四层船舱承担着演员表演、观众参与等多重功能，船内陈列着具有显著民国特色的复古陈设、物件，凸显了事物组合成整体后产生的场景意义，承载着"知音号"体验剧中最为生动、真实的部分，是游客凝视下的重要地方性景观。在游记中，游客对"地方场景"有着极其细致的描述："暗哑的回廊""纸醉金迷的舞厅""精美的装饰""昏黄的角落"等等，面对这些景观化的场景所产生的代入感极强的空间氛围，游客们表示"被华丽的大厅所震撼"（Q002），"那艘船太能代表'汉味儿'了"（Q015）。这些都体现了集体的、个人的、想象的、美学性的、生活化的存在。

在"移动空间"的感知方面，"知音号"体验剧的地方性、漂移性、互动性的特点使游客体验到与普通剧场演艺相似又相异的观看、参与感受和不断动态变化的情境。"移动空间"被分为"内场游移"和"外景漂移"两个部分。由于体验剧采用的是无固定观众席和表演区的新观演形式，所以带给游客的整体感受是"身临其境""流动式的话剧""行走着看话剧"，游客可以跟随剧情的发展在船内的四层船舱空间中移动变换自己的位置，因此游客们能很明显地感知到"当时的登船景象"，"踏上甲板，你既是船客也是局中人"（M019），"演员和你都在船上走着"（Q003）。游客不仅可以与演员零距离接触，还可以自由决定观演的内容，因为"演出都是在你身边发生"，"你随时可以走进故事，随时也可以离开走进下一个故事"（Q003），在内舱的游移空间中，打破了戏剧与现实边界的游客"是可以随意走动拍照的"（M002），"自由地穿梭在各个角落，欣赏这出戏的每一个细节"（M021）；甚至在舞厅场景里，"你可以接受演员的邀请，走进舞池"（M021），"整艘船都是舞台，每一处都是故事"（M038）。随着剧情的发展，游客登上顶层甲板，从对"内场游移"的感知自然过渡到对"外景漂移"的感知，轮船已载着游客航行在长江中央，这种真实的空间移动，带给游客全方位的地方性感知，"大家可以前往甲板尽情的（地）享受江景和江风"（M033），"去甲板上拍照看夜景"（M036），也可以"到甲板上跳起踢踏舞"（M001）。游客自身的流动引起了体验空间的流动，目光和身体在船内空间和船外空间之间切换，引起了对不同类型的在场体验。所以，独特的移动空间塑造了游客的行动场域，个体借助具有地方性的外景将戏剧场景和旅游文化场景有机结合在一起，跨越了普通观演的界限，加强了游客对地方性空间的景观化凝视效应。

游客在感知地方性空间的同时，还存续有强烈的地方性时间感知，这不仅来自对环境场景和表演活动的即时凝视，还来源于对历史地方的联想和地方历史的回忆。据此，"时间感知"可以被分为"即时感知"和"记忆感知"两个层面。当游客进入码头和轮船内部后，"复古""怀旧""恍如隔世""如梦如幻"成为最先给他们带来的整体性的时间感知，这种感知又在构建历史场景的元素："年代感摆件""年代感的音乐和舞蹈""悠扬的老歌""汽笛鸣响"等细节方面得到强化和凸显。游客从现实生活走进剧场，很快感受到了"复古与现代的交融"（Q001），于他们而言，"船舱内的一切都是真实的"（M026），"房间里的物品，满满都是时光的味道"（M021），这种时光倒流一般的穿越感和参与感，让游客沉浸到剧情中，"沉浸到（在）演员的故事里"（Q001），"时（刻）感（知）自己是观看他人旧时时光故事里的路人，亦（抑）或自己就是这个舞台这个时代里熠熠生辉的主角"，一时"竟不知今夕是何夕"（Y008）。游客用审美的目光看待地方性时间，并将其看作地方的历史投影。时间感知场景不但具有即时代入的沉浸式传播特征，还能通过具有时间性的实物、声音、演艺行动激活游客对一百年前民国时代的回忆和想象。

这就牵涉游客的"记忆感知"层面，从游客的视角出发，时间性的景观其实是存在于时间、地方、游客自身经历及在场情境的勾连之中的。游客进入具有强烈民国风格的码头、轮船组成的空间体系之中，锚固于历史时刻的民国文化通过复原的手段重新出现在游客视域里，这种特殊的存续方式为地方性时间注入了较强的活力与新的生命力。在游客看来，"知音号"保存并复现了他们关于民国时代的记忆，观演"知音号"体验剧即进行了一场"民国穿越之旅"（M003），"仿佛回到了一百年前"，眼前是"浓浓的民国风"（M002），"置身民国的感觉"（M036），"此刻沉浸于其中，脑海中似乎回荡着那时的爱恨情愁"（M012）。"知音号"上的声光实物、表演故事在旅游者眼里是真实的、具有地方时间性的，拥有一定程度上的历史体验价值。因此，承载着民国记忆的场景触及游客的内心世界，引起游客的共鸣，让他们"想起了以前看到的电视剧"（M033），剧情的发展"如电影般在眼前一幕幕呈现"（Q002），有人认为"有点类似《太平轮》"（M040），有人"有种穿越回百乐门的感觉"，更有人"感觉自己已经是个发福的民国女记者了"（M044）。"知音号"帮助游客拼接出一个关于民国生活的全景想象，在展现"华美与哀愁并存的民国缩影"的过程中，使游客成为"这个民国故事里的一部分"（M044）。由此可见，当"知音号"被认定为民国时代的产物，就意味着码头、轮船所链接的对百年前的集体记忆成为游客最关注的焦点，具有民国文化符号的道具、场景，如"报纸""地图""香烟""怀表""《良友》杂志"等又大大强化了"知音号"建构的历史时间与游客感知的记忆时间的契合。

其实，记忆意味着过去，通常包含着时间和空间两个维度的倾向。所以在"知音号"体验剧中包含着大时代中的地方空间。"知音号"上静态复原的民国场景和动态模拟的民国故事，自然而然地把身处其中的游客拉入一个关乎国家、城市兴衰变化的整体时空中。所以，游客把"知音号"看作"立体的年代书""行走的历史"（Q005），时间和空间的双重维度感知，从游客"踏入码头"开始，就进入"切换时空""恍惚置身百年前的那个武汉"（M004），调动起包括本地人在内的游客集体

"关于三十年代的老武汉的想象"（M021）。自由移动、主动参与地观演形式使游客感觉"船舱里的人们在武汉的旧时光里穿梭"（Q009），极具民国风情的舞厅表演，也使游客"迅速融入场景中"，并感觉置身于"二三十年代大武汉的舞池中"（Q001）。登上顶层甲板后又是一次时空切换，使游客体验到"恰是一趟穿越城市、时光的旅程"（M025）。身处民国风格的轮船，眺望长江两岸的霓虹夜景，呈现在游客眼前的是"一半民国的豪华游轮，一半现代的高楼大厦，这就是两个世界"（M044），"一古老一现代，两种气息在时空中交汇融合"（Q009）。其实"民国""古老"本身存在着一种历史的距离感，但"知音号"体验剧用穿越的方式作为戏剧最后的升华，有助于打破景观与游客之间的时空距离，以此产生了一种游客感知的张力，进一步促成了时间与空间两个轴心的相互嵌入，实现了游客对地方建构的景观化凝视。

从编码结果来看，"知音号"体验剧是一种空间与时间两个维度互相嵌合的新型旅游演艺形式，在沉浸式旅游体验中呈现为具有时空双重特性的景观化场景，这是"知音号"最具吸引力，也是地方性最为鲜明的部分。简而言之，即游客对轮船内外建构的空间产生相应的地方性感知的同时，也产生了地方性历史记忆的时间感知，这两种感知体现在游客对主体以静态和动态两种建构方式的反馈上，而这两种方式又相互叠合，形成动静结合、主客互动的时空特性，进一步强化了游客的地方感知和异域意义。该结论意味着，游客在"知音号"体验戏剧时所关注的并不一定是戏剧本身所传递的历史文化或故事情节信息，而是集中在游客对时间性嵌入的地方性场景和事物的"景观化凝视"上。这种"凝视"使游客自觉地参与到与主体建构的互动中，并生产出具有浪漫化、审美化，乃至自我实现化的新的感知反馈和体验价值。最终编码结果如表2-3所示。

表2-3　编码结果

核心范畴	主类属	亚类属
地方性	地方感知	地方空间、地方场景、移动空间、情绪感知
	时间感知	即时感知、记忆感知

（三）游客感知的情绪倾向分析

对游客在感知到地方性空间和时间后所产生的情绪性反馈进行开放式和选择式编码，如表2-4所示。从编码结果来看，表示积极情绪的词语主要有34个，如"热闹""繁华""好看""漂亮""不错""完美""自由"，等等；表示中性情绪的词语主要有18个，如"一般""大概""随便""刚好""幸亏""懵懂""差不多"，等等；表示消极情绪的词语主要有14个，如"尴尬""焦躁""喧哗""喧嚣嘈杂""稍显杂乱""有些慌乱"，等等。为进一步分析游客在形成"知音号"地方感知过程中所表现出来的情感倾向的总体特征，本书利用ROST CM 6对网络游记文本语句进行词频、情感分析，结果如表2-5所示。游客对"知音号"体验剧的积极情绪感知词频次为532，占情绪感知词表的47.5%，所占比重最大；中性情绪感知词频次为435，占38.8%；消极情绪感知词频次为153，占13.7%，所占比重最低。可见，游客对"知音号"体验剧的情感态度以积极情绪为主，但是中性与消极情绪的感知比重也不容忽视。

表2-4　游客情绪感知开放编码

积极情绪	热闹、繁华、好看、漂亮、不错、完美、超美、美好、惊喜、惊艳、奇妙、自由、欢快、欣喜、震撼、感动、泪目、新颖、憧憬、独特、有趣、有创意、有意思、有仪式感、有融入感、有诱惑力、触动人心、心旷神怡、惊叹不已、无与伦比、异彩纷呈、动人心弦、念念不舍、极不真实的美梦

续表

中性情绪	一般、不同、大概、一样、随便、刚好、如此、幸亏、好奇、懵懂、差不多、零碎化、百感交集、觥筹交错、应接不暇、美中不足、感觉还行、可以接受
消极情绪	尴尬、焦躁、喧哗、杂乱、慌乱、弊端、人挤人、很混乱、看不全、很仓促、逃难式、喧嚣嘈杂、苍白无力、故事性较弱

表 2-5　游客感知的情感倾向统计

情感类型	频次	比例
积极情绪	532	47.5%
中性情绪	435	38.8%
消极情绪	153	13.7%

具体从游记文本资料来看，"知音号"体验剧的复古与创新，历史空间、场景建构的还原程度，演员表演的专业性和节奏感，以及戏剧转场速度等都是影响游客不同情绪的重要因素。比如，最受游客关注的舞厅一幕，游客感到"在聚光灯的照耀下，穿着民国服饰、精心打扮的男男女女随着音乐释放激情"的"那种感染力"，"不在现场真的很难体会"（M003）；在二层演员船舱中，游客在"近距离观看表演时深被（受）震撼（到）"（M027），当演员们以投入的神情、细腻的动作卖力演出时，就会带给游客"直击心灵的表演"（Q007），自然而然地沉浸到人物故事里；最能引起游客产生"无与伦比"的积极情绪的是自身参与感的获取，有游客在等候登船时，就表示"我们在船下看着船上的人，而船上的人正看着我们。一种奇妙的感觉油然而生"（M010）。还有人在舞厅中观看舞蹈时感觉到"参与感满满，其实我觉得站在楼上也蛮有参与感，这种参与感是一种局外人正在看着一场热闹好戏的感觉"（M011）。这些良好的场景氛围和自由观看、参与的表演内容从开场到剧终都伴随着游客，使之不断产生积极的情感态度，甚至"下了船离开知音号码头，回头看着依旧灯火通明的知音号"，"感觉自己做了一场极不真实的美梦"

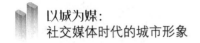
（M003）。

不过，根据情绪倾向感知分析可知，人多嘈杂、工作人员引导力不够、转场速度过快，故事性较弱是造成游客产生消极情绪感知的重要原因。比如，在码头换装区，没有工作人员及时引导，想租赁服装的游客一拥而上，就有人表示"看着旗袍面前挤满的人，顿时失了兴趣"（M026）；登船进入游客船舱时，供给游客自由活动、拍照的时间略短，有游客"感觉时间很快，节奏有点赶"（M011）；而到了"一楼舞厅，会随着舞动重点介绍几个人物，但是太快了，记不清楚"（M017）。戏剧转场时给游客预留反应时间不足，导致许多游客沉浸在上一幕意犹未尽，刚拍完照就被工作人员"'请'出船舱，又开始奔赴下一个场景"，游客评价为"逃难式"观演（M041）。转换到二楼演员船舱，由于没有主线故事引领，游客顿感不太适应，"刚上二楼的时候有些慌乱，不知道该去哪里"（M033）；舱房里上演的一个个相对独立的人物故事，在游客看来"都是片段记忆"，"人抓不住主线"（M031），而且"走廊里还有节目，这就是这里的弊端，觉得很混乱，看不全，进房间里听故事就会错过了走廊里的故事"（M007），这使得游客难以把握演出节奏，感到"表演很仓促"（M041），因而产生消极的情绪感知。

（四）"知音号"主体建构与游客感知的异质性

从"知音号"主体建构与游客感知的差异化角度考虑，通过对两者总体特征、具体内容的比对分析，我们找到了两者在意义增量与叙事手法方面表现的异质性。

首先，本案例探讨的意义增量，特指主体建构地方性时对地方元素、符号的运用所反映的旅游地意象的总体变化。就"知音号"而言，主创团队认为民国时期的武汉商业发达，在全国具有较高的知名度，20世纪初的汉口已享有"东方芝加哥"的美誉，斯波义信将这时的繁华武汉称为"巨大的都市"。① 借助这一历史文化优势,"知音号"参照真实存在过的大型江轮"江华轮"打造了一艘民国时期风格的蒸汽游轮,并配套建设了老汉口码头、栈桥和趸船等一系列衍生设施,全方位还原历史细节。无论是外观,还是内部装修设计及灯光、桌椅等物件,主创团队都极其注重运用历史同期的地方元素和文化符号,力图复刻20世纪30年代轮船的真实场景,建构一座兼具地方感、年代感且特色鲜明的"漂移的城市博物馆"。

　　但是,旅游地的意义增量不仅由主体建构决定,还受到游客所感知到的当地地方性的强弱的直接影响。在实际的旅游体验中,这种地方性的感知程度往往未能支撑其实现理想状态下的意义增量。而且,不可避免地与过去的旅游经验有所重叠。当这种经验相互叠加的感觉较为明显,感知到的非本地地方性又较强时,则可能出现感知意义的下降。例如,当游客看到连接码头和趸船的栈桥和上海外滩的外白渡桥的外形、质感相似度较高时,他们所感知到的原属于武汉的地方性程度就会降低。在游记中,有游客表示:"走过'白渡桥'来到码头上",看到其他游客"很多换装成了民国装束",想起的却是"老上海的风情"(M034);船上舞厅表演歌舞时,游客看到的是"老上海、老洋场的感觉"(M002),听到的也是"老上海特有的音乐声在耳畔回响"(M005)。这说明尽管民国时期武汉较为出名,但在人们刻板印象里最能代表民国文化的是上海,而由于同为民国风格但与上海的地方元素、符号之差异化做得不够充分和细致,导致主体建构的是"二三十年代的大武汉",而部分游客感知到的却是"二三十年代的大上海"。

　　其次,在戏剧的叙事手法和表现方式上,主体建构与游客感知也存在着明显的差异。从主创团队方面来说,樊跃导演将"知音号"项目定义为"漂移式多维体验剧",初衷是为戏剧创作解放思维,他把"知

---

① 湖北知音号:《著名导演樊跃解读武汉文化大剧〈知音号〉》,详情请见:https://wenku.baidu.com/view/ea741cf480c758f5f61fb7360b4c2e3f572725ee.html。

音号"的旅程"视为一次创造性的艺术行为。它突破了传统戏剧的种种限制，在茫茫长江这一绝无仅有的舞台背景下，借用水的动感、船的动感和人的行动，富有冲击力地表达每个人与未知知音间发生联系与碰撞的可能性，表达一种生命原始的真理"。在叙事手法上，他摒弃了以往用主线人物表达故事的惯常模式，创造性地从一个简单的、限定的故事出发，使人与人之间延展出无数段复杂的关系和碎片化的故事，借此打破真实和虚幻的界限，连接戏剧故事和人生体验。主创团队采用这种多线并置、碎片话语的叙事手法，试图让置身于同一空间中的游客发生相遇、交谈、离别的新故事，让故事的碎片、戏剧的碎片、人生的碎片在碰撞、重组的过程中生产出新的生命意义。

然而，这种叙事手法显然超出了大多数普通游客能够达到的艺术境界，对戏剧背后的人生进行哲学式的理解需要游客长期的艺术熏陶和审美情趣的培养。樊跃通过"知音号"想追问的是如同英国艺术批评家约翰·伯格曾经提出的那个经典问题：当再现不再只是简单地复制世界，同时也生产着对世界的一种看法，我们应该如何观看？什么又是"真实"？这对于大多数只想理解表层意义的游客来说，形成了巨大的理解差异，随之产生消极情绪的感知。[①] 在游记中，许多游客在演员船舱看到的表演都是片段式的人物故事，刚进入表演区时根本不知道从哪里看起，因而抓不住剧情主线而产生杂乱无章的感觉；而且当叙事被碎片化处理后，戏剧张力和情节冲突性就被削减，游客观演后第一反应是"表演故事性较弱"（M040）；还有游客因未从头到尾进行观看而无法理解人物情感并表示"故事显得苍白而又无力，甚至有点干瘪"（M041）。

由此可见，在叙事手法上，主体建构与游客感知并没能做到很好的叠合，并且在某种程度上形成了一种异质性的断裂。尽管这种叙事手法用在现场戏剧表演中足够创新，但在实际运用中仍需考虑普通游客的

---

① 湖北知音号：《著名导演樊跃解读武汉文化大剧〈知音号〉》，详情请见：https://wenku.baidu.com/view/ea741cf480c758f5f61fb7360b4c2e3f572725ee.html.

思维和视角，注重故事性本身对旅游情景体验和游客感知的影响。

六、本章小结

城市不仅仅是物理空间以及生活居所，它还是一件想象的、隐喻的和符号化的作品。林奇用城市意象的概念表达了居民对城市中道路、边界、区域、节点和标志物等意象元素的共同印象。在此基础上，麦夸尔引入媒介视角来定义"媒体城市"，探索城市形态、社会实践和媒体反馈的共同构造过程。由此可见，城市景观与城市形象相互勾连，并通过人的视觉、听觉、味觉、嗅觉和触觉等感知而获得反馈。

在众多城市景观中，地标性建筑是凸显城市个性和提高知名度的重要元素，它以物质实在体的形式承载了精神的、象征的和审美的内容。有影响力的城市地标建筑一方面具有传统的历史文化底蕴，另一方面能借助社交媒体的力量成为"网红建筑"。其中，摩天大楼作为现代社会的产物，不只是人们凝视的对象，其楼顶还能满足现代人眺望全景的视觉需要。在大众传播时代，城市景观不仅是城市形象再现的原型，它还可以借助电影、电视剧和音乐等流行文化生产新的形象。如今，社交媒体对城市景观资源进行重组，它是人们获知、体验、表演以及分享评价城市景观的主要媒介。

本章还通过武汉"知音号"的个案，分析游客在体验城市景观中的时空感知。空间方面，游客在观演情景中所感受到的空间的地方性，是由身体所处的空间、感官接触的空间和自身以及轮船移动的空间三者共同呈现出来的。时间方面，游客的感知不仅来自景观场所和表演活动的即时凝视，还来源于对地方历史的回忆与想象。这两种感知方式相互叠加，形成动静结合、主客互动的时空特性。

最后可以将本章的城市形象提升路径归纳为以下几点：

——要有意识地打造具有独特标识的城市景观和旅游资源。

——城市景观应满足本地市民与外地游客的多种感官体验需求。

——好的城市景观要讲述城市的历史文化，而不是千篇一律地机械复制作品。

——城市景观要适应社交媒体语言，要有意识地培育景观资源的"网红属性"。

——城市景观要方便人们的拍摄与分享，刺激特色景观资源的"二次传播"。

第三章
博物馆与城市形象

一、此地何时：博物馆与城市的勾连

过去的几十年间，博物馆都被定义为"非营利性机构"，该机构"为教育、研究、欣赏的目的征集、保护、研究、传播并展出人类及人类环境的物质及非物质遗产"。由此可见，博物馆实际上是一个交往媒介，是集"藏品＋展览＋活动＋沟通＋参与＋体验"于一体的公共空间。它是人与物、人与人实现跨时空交往的场所，借助博物馆的文物，参观者可以实现"彼时此地"的穿越体验。正如 2019 年国际博物馆协会推出的新定义一样，博物馆是用来进行关于过去和未来的思辨对话的空间，具有民主性、包容性与多元性。这一新定义弱化了博物馆的物理属性，增强了人类的交流与合作维度。

博物馆起源于公元前 4 世纪的马其顿帝国，该帝国在创建时搜罗和掠夺了各种稀有古物和艺术珍品，亚历山大国王和其老师亚里士多德利用这些文物和遗产来开展知识的传播。随着近代科学发展，博物馆也逐渐成为保存、陈列与传播藏品于一身的历史文化汇聚场所。阿斯曼就认为，在文明进化加速这一前提条件下，博物馆成为收集、保护并且参观过去的社会场所（阿斯曼，2017：6）。对于一座城市而言，博物馆承载了其发展历史与精神特质，是展示城市市民文化实践与人文精神的集中窗口。

吕博（Hermann Lübbe）将博物馆活动看作动态的过程，在城市景象的变迁消逝中，博物馆化实践的功效显而易见。在这样的实践中，那些承载着重新可辨识性以及身份认同的元素得以保全（阿斯曼，2017：77）。

博物馆作为了解城市的一种工具手段，是城市文化不可缺少的部分；当我们开始考虑城市的有机的重组时，我们将看到博物馆不比图书馆、医院、大学差，它将在区域经济方面起到新的作用（芒福德，2005：573）。芒福德（2009：476-477）将博物馆看作当代人与城市历史文化之间的互动，博物馆的本质意义在于它能够将记忆从其原先依赖的文化中分离出来。博物馆给我们提供了一种面对过去的方式，与别的时代和其他模式的生活形成意义隽永的交流。

对于大部分的城市居民而言，一座理想的博物馆不仅是奇珍异宝的收藏室、脱胎于学术机构的藏书阁，更应当是一座传统文化的记忆者和多元群体的精神家园。现代城市高速发展，城市人口膨胀，高节奏生活的城市居民有必要了解城市的过去、现在和未来发展趋势。因此，这一因素刺激了众多大中型城市开展博物馆运动。有学者将博物馆对城市文化的影响总结为三点：博物馆是城市文化的记忆库；博物馆是现实城市文化的融合剂；博物馆是城市新文化的催化剂（张文彬、安来顺，2009）。博物馆可以被看作城市的"第三空间"，博物馆的空间属性具有新的内涵，它既是物理的实践空间，又是精神的构想空间，承载着促进城市居民平等交流、汇聚城市精神、促进知识动态发展的功能（王可欣，2018：34）。

自近代爱国实业家张謇于 1905 年创办南通博物苑以来，中国博物馆已经有一百多年的历史。2008 年我国实施博物馆免费开放政策，博物馆事业蓬勃发展。就博物馆数量而言，近年来我国博物馆数量增长迅速，2016—2020 年新增博物馆 1679 座。人均占有博物馆数量得到显著提升，2019 年，平均每 26 万人就拥有一座博物馆，部分地区如北京、甘肃、厦门等平均每十几万人就拥有一座博物馆，2020 年，平均每 24.39 万人拥有一座博物馆（钱益汇，2021：5）。这说明博物馆已经成为城市居民重要的公共设施，这一数据很好呼应了芒福德的观点，博物馆是大都市理想生活的特征，正如希腊城市的体育馆或中世纪城市的医院一样，这些机构是由于大都市发展过大而必须设立的（芒福德，2005：573）。

二、超级连接：博物馆的新媒体营销

国际博物馆协会曾将 2018 年国际博物馆日的主题确定为"超级连接的博物馆：新方法、新公众"。这一主题涵盖了当前社交媒体时代更加多元的沟通方式，为观众创造出更多与博物馆连接的渠道和路径。移动互联网使观众的参观体验不再局限于场馆内，任何用户都可以在任何时空搜索获取博物馆的信息。在数字时代，博物馆需要适应越来越多使用新技术的观众，这种向数字时代的转变以及传播网络数字信息的新趋势，可能会改变博物馆和用户两者关于生产与管理实体文化藏品相关知识的方式（Grigore et al.，2019）。

越来越多无所不在的社交媒体及其迅猛的处理速度及能力，迫使博物馆接受少向观众灌输、多与观众沟通的方式。这实际上也改变了博物馆传统的单向营销方式。

（一）博物馆的自媒体运营

自 2000 年以来，信息技术一直都是博物馆的重要工具，它极大地拓展了这些机构的接触机会。在 web1.0 阶段，博物馆利用网站提供交流的可能性，使更广泛的公众可以获知它们的收藏、活动与知识。这种单向的传播模式允许博物馆使用自上而下的策略提供信息，这一时期的互联网扩大了这些机构以大规模、可控、快速和简单的方式传播信息的能力。到了 web2.0 阶段，互联网的互动性与参与性为博物馆交流提供了新的选择和可能，改变了博物馆与公众的互动方式、辩论、讨论与合作（Capriotti et al.，2016）。近年来，博物馆网站和社交媒体账户的在线访问数量已经远远超过了实体访问数量。博物馆开始主动去了解这些数字访问者，并且博物馆的在线形象直接影响其自身的声誉以及参观者实地参观的动机。

目前，全世界有 1000 多家博物馆在脸书和推特上开设社交账号，它们借助这些平台发布咨询、传播知识以及与粉丝进行互动。而在国内，博物馆一般通过公众号和微博等自媒体平台开展营销。据统计，我国 130 家一级博物馆几乎都拥有自己的公众号与微博账号（钱益汇，2021：33）。其中，以故宫博物院、成都武侯祠博物馆和上海博物馆为代表的公众号影响力较强。公众可以通过关注公众号来接收博物馆推送的最新动态，并借助公众号内的菜单和小程序，方便快捷地满足参观预约、活动报名、文创购买、参观导航等需求。相较而言，博物馆微博能突破微信公众号的推送数量限制，实现与公众更加实时的互动，更有利于实现与观众的良性交流。

2021 年 3 月，伴随着广汉三星堆遗址考古新发现的揭晓，出土的众多震撼人心又富神秘色彩的文物，引发了世人大量猜测。其出土的三星堆青铜纵目面具因奇特的外观被网友误解为外星文明。专家虽在第一时间发声澄清，但其所带来的舆论声浪为三星堆博物馆吸收了一大波粉丝。除此之外，此次揭晓的文物还包括黄金面具，它成为国内发现的同时期最重的金器。三星堆博物馆的微博联合《四川日报》为新出土的金面具"P 图"（见图 3-1）。众多网友响应该活动，给金面具缺失的右半部分加上凯蒂猫、奥特曼、小恶魔等卡通形象，产生了机构与网民间内容共创的营销效果。

图 3-1　三星堆博物馆的金面具"P 图"大赛（微博）

（二）博物馆作为城市网红打卡地

在社交媒体诞生以前，参观者的博物馆体验仅仅停留在展馆内的身体感知，以及胶片或数码相机拍照留存后的自我回忆。以智能手机为代表的移动互联网不仅成为参观的工具，而且也变成了观众构建自我认同的途径。观众可以借由自己的手机，将参观体验的感受以文字、图片或视频的方式分享到自己的社交朋友圈，让没有来实地参观的用户也能获取展览的信息，从而成为潜在的观众资源。在这一逻辑中，博物馆及其展品成为社交实物，即两个熟人甚至是陌生人在交往中将其注意力放在特定的社交实物上，会使人际交流更加愉悦。社交实物的特征包括个性化、话题性、刺激性和关联性（西蒙，2018：140）。因此，具备社交实物性质的博物馆及其文物容易引发用户的广泛谈论，从而强化人际间的强关系与弱关系。

城市里的博物馆并不是孤立的存在，它多数情况下作为独特的建筑融入周边的城市景观之中。比如，迪拜博物馆的选址并没有在其核心区（哈利法塔、七星帆船酒店、海上别墅群），而是位于老城区的河边，保留了古老城堡和教堂的形式，成为城市景观的有机部分。在许多城市，博物馆逐渐成为城市地标和文化象征。正如第二章所言，这些地标是构成城市个性和城市知名度的重要因素，同时也成为一种空间符号代码。

苏州市政府聘请华人建筑师贝聿铭设计的苏州博物馆新馆,结合了传统的苏州建筑风格,把博物馆置于院落之间,与周边的传统建筑几乎融为一体。这座博物馆借由国际建筑大师之手,向世界展示自身的魅力,建立起一个国际化的、世界性的关于地方的想象(陈霖,2016)。

这类博物馆独特的建筑和空间场景,成为外地游客拍照分享的城市网红打卡地。游客游览完博物馆后发布的照片、视频和评论,对于博物馆品牌的塑造以及激发他人游览的旅游体验上都有着积极影响。比如,你在小红书应用程序上搜索苏州博物馆,可以搜到参观攻略和拍照攻略。这些拍照攻略会告诉你博物馆的哪些位置或者哪些文物值得合影打卡,还会向你推荐什么样的拍照姿势好看,甚至还会教你穿什么样的衣服能拍出最好的效果。

(三)祛魅化:博物馆的文创 IP

过往的博物馆常常被游客冠以"高冷""古板"等形容词。游客参观博物馆,一般是沿着固定的线路,凝视一个个由投射灯照亮的文物。文物旁标注名称、出土地点以及简单的介绍,如果不是专业的研究者,普通观众只会草草掠过,最多是给好看的文物拍几张照片作为留存。在这种情境中,文物是作为"灵韵"的艺术品而存在。如今,各类文创 IP(intellectual property)的出现祛除了博物馆文物的神秘性与魅惑性,同时也成为游客加深博物馆认知的重要窗口。由古老器物产出的各类文创产品除商业目的外,更多是发挥文化的推广与传播功能。文创 IP 的成功使传统文化与新时代审美结合,既体现了传统文化营销价值,又证明了传统文化的长久生命力。有研究报告将博物馆文创产品的蓬勃发展归结为四个方面:政策引领、文化自信、消费升级以及博物馆自我转型(钱益汇,2021:97-98)。

一般的博物馆文创产品主要是以文物主题为主的周边商品。不少博物馆会将自己的文化注入其他商业平台进行联名合作。例如,行李箱品牌ITO与伦敦大英博物馆合作推出了以世界文化记忆为主题的联名行李箱。这些行李箱被注入代表埃及文明的罗塞塔石碑和代表日本文化的神奈川冲浪里等文化艺术元素。这一创意以双方的用户为中心，借助社群营销的方式构建了差异化的品牌形象。在国内，河南博物院推出的考古盲盒火遍全网，它们以动态文创的理念，将考古发掘融入"拆盒"过程，让购买者在各自独立的"考古现场"感受和发掘河南博物院的微缩文物模型（见图3-2）。产品从包装到内容都体现了考古的专业性，比如微缩洛阳铲、考古专用小刷子、外包装上考古地层的说明等。这一创新性文创不仅让消费者更了解博物馆的文物，同时也让曲高和寡的博物馆形象更加鲜活。

图 3-2　河南省博物院的考古盲盒 ①

三、媒介融合：博物馆的新媒体叙事

新媒体技术不只影响游客参观前与参观后的信息获取和反馈，还

---

① 图片为笔者拆考古盲盒后所摄，拍摄时间为 2021 年 5 月 25 日。

影响着参观过程中的体验。不管是作为物理的、建筑的抑或机构的场所，博物馆都是需要讲故事的。新媒体技术传递了新的叙事机会，这一机会明显地偏向于参观者，它冲击了博物馆原本自上而下的教育者角色，促成了博物馆与参观者之间平等对话的关系，使参观者的叙事话语被纳入博物馆叙事之中。延森认为当前存在一对一、一对多和多对多传播活动的重新整合与塑造。当下的媒介融合可以被理解为一种交流与传播实践跨越不同的物质技术和社会机构的开放式迁移（延森，2012：17）。数字媒介的介入，不仅丰富了博物馆内展览的叙事手段，还依托 3D 建模、虚拟现实与增强现实等技术构建出虚拟博物馆，让受众的参观摆脱了物理空间的束缚。

（一）博物馆内的新媒体应用

在过去，游客博物馆体验的关键要素是各式各样的展品，这些展品中有的珍贵稀奇、有的意义重大。如今，博物馆拥有更多样化的工具与观众交流，展品只是其中的一部分。现在很多博物馆会将文物的高清图片、文物介绍以及历史背景压缩进二维码之中，观众只需要拿出手机扫一下文物旁的二维码便可获取。博物馆还依赖于各种互动体验方式——翻转说明牌、按按钮、拉动手把、孔内窥视以及迅速发展的一系列数码工具，包括语音导览、各种音频和视频、电脑游戏和便携设备。观众可以沉浸在他们周围由高清视频图像、高保真声音、虚拟现实、气味、质地、颜色和振动等构成的再现环境之中（福克，2021：90-100）。

博物馆展览的叙事是为了向参观者传递其内容与情感，其目的是增强游客的参观体验，从而达到吸引游客重访的目的。博物馆的数字化（如虚拟 / 增强现实、视频、触摸屏以及智能设备）保证了观众参观时的互动与沉浸感。这种交互式的体验会贯穿参观始终，当与感官刺激有直接或间接的相互作用时，参与感就会产生。这些基于网络和社交媒体使用的多媒体信息的引入，使博物馆能重新设计传统产品，并且促进新的文化体验（Zollo et al., 2021）。比如，扬州中国大运河博物馆采用沉浸式技术使游客能参与到古人的日常生活中。在"运河上的舟楫"展厅，一艘两层楼高的沙飞船"搬"进展厅，公众可登船畅游大运河，在画舫中听戏赏景。

新媒体技术不仅能作为文物展览的补充，甚至还可以取代文物而构成一个完整的博物馆。例如，张之洞与武汉博物馆是一座"没有展品的展览馆"。博物馆设计者通过制造场所的方式来替代展品不足的弱势。一方面，博物馆利用视频技术"请到"武汉的一批历史学家，通过他们对张之洞的历史解读，制造了一个对谈的场所（见图 3-3）；另一方面，博物馆以场馆中心为原点，把张之洞遗留在今天的遗产做了一个地图化梳理，然后映照在一个大斜坡上。观众到达这里就可以看它们的变化。

图 3-3　张之洞与武汉博物馆内"历史学家看张之洞"展区 [1]

（二）虚拟博物馆的异地空间叙事

新媒体技术的成熟能让游客脱离原有的博物馆物理空间，借助增强现实技术，让观众的体验和去"真实的"博物馆体验完全一样。在我们看来，数字技术最大的前景不在于如何"传递"信息，而在于让观众更能掌控自己的体验。尽管从实体的角度来看，这些数字技术只是一种

---

[1]　李德庚：《当代博物馆必然是流动的博物馆》，详情请见：https://www.artdesign. org.cn/article/view/id/46318.

由光影塑造的视觉假象，但观众的眼睛可以带着他们自己进入这些由光影塑造的世界中去。就像在电影院里，虽然事实上观众看的只是一块屏幕，但在他们的感觉中，感官早就脱离了观众席，进入屏幕上呈现的虚拟空间之中。在展厅中，通过影像媒介也可以把外面世界的空间（以及时间）带进展厅。而且为了影像的呈现效果，展厅中的光线往往会被刻意去掉，于是连展厅的实体空间也消失了——影像中的空间更加强大了（李德庚，2020：178）。

近些年兴起的虚拟博物馆，使游客可以在异地空间获取实体博物馆的参观体验。虚拟博物馆已发展成一个包罗万象的术语，指代数字化物理对象和与物理对象相关的原生数字化对象的所有类型的数字表示。从这个角度来看，虚拟博物馆既是一个在线展览，又是一个在移动设备上玩的互动游戏或一个交互式桌面装置（Damala et al.，2019）。一般而言，虚拟博物馆模拟实体博物馆和文化遗产，包括它们的有形和无形资产。很多情况下，这些资产是不可访问的和脆弱的。因此，模拟必须非常逼真和详细，以作为人工制品的复制品。这种模拟增强了用户在虚拟博物馆中的存在感，从而使用户感觉身临其境地出现在真实的博物馆或文化遗产现场（Bekele et al.，2018）。

我们可以将虚拟博物馆看作实体博物馆的数字化形式，其可以脱离实体博物馆独立运作，还可以将博物馆以数字化形式传播到世界的各个角落。谷歌艺术计划是谷歌公司与46个国家、150多个博物馆合作的在线平台，其建立初衷就是谷歌技术如何能够使博物馆变得更易访问。平台第一大功能是"虚拟参观"（virtual gallery tour）：用户可以像使用谷歌街景一样操作，点击博物馆的楼层平面图，就能在任意一家合作的博物馆空间中穿行；第二大功能是"艺术品视图"（artwork view），用户可以放大目标展品图像，更详细地查看展品；平台的第大三功能是"用户创建展品集"（create an artwork collection），用户可以从任何博物馆的馆藏中选取任意数量的展品，按照自己偏爱的角度把展品的图像保存下来，打造属于自己的虚拟展览，还能通过社交网站与他人分享自己的艺术品收藏（王可欣，2018：48-50）。

（三）后疫情时期博物馆的云直播

随着新冠疫情的蔓延，为防止游客聚集，众多博物馆采取了闭馆等措施，但一些博物馆并没有关门歇业，而是纷纷采取云直播的方式来实现观众在家中观展的愿望。导游可以充当主播实现线上的博物馆导览，借由 4G 网络生成的数字观展甚至能达到不逊于现场观展的体验效果。视频直播对于视频化陪伴尤为重要。直播者与观看者之间虽然有空间距离，但是直播容易在心理上拉近人们的距离，这更容易让观看者产生"进入"与"在场"感（彭兰，2020）。例如，2020 年 5 月 17 日，世界博物馆日的前一天，故宫以"重启的故宫·夏日的幽静"为主题，带观众走进故宫，游赏花园，来自故宫宣教部的主播还为观众讲解了故宫建筑的看点以及与建筑有关的典故。

这种直播技术不仅可以用在博物馆的展览之中，还能延伸到博物馆产业的上游，让观众从线上了解文物挖掘与文物修复的过程。广汉三星堆博物馆曾联合中央广播电视总台推出《三星堆新发现》直播特别节目，实时报道全景呈现三星堆遗址考古的最新发掘成果，采用慢直播的方式 24 小时拍摄三星堆的考古挖掘现场（见图 3-4）。慢直播的形式具有陪伴性、交互性、即时性与原生态等特点，满足了受众对于考古发掘现场的好奇心，很大程度

图 3-4　央视新闻公众号三星堆
考古挖掘慢直播

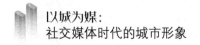

还原了考古挖掘事件的原貌。受众可以在其中沉浸现场、回看关键性片段以及与其他网友互动，这也符合当下碎片化、移动化的阅读习惯。

四、博物馆的新媒体传播重塑城市形象

城市的发展除体现在经济与市政设施的进步以外，城市文化也是重要的支撑力量。其中，博物馆作为城市多元文化融合的产物，连接了城市的过往与现实。信息科技的发展，不仅丰富了博物馆文物的储存手段，还增加了博物馆与观众的交流渠道，成为城市文化的积极参与者与推动者。同时，博物馆的新媒体传播为城市形象建构打开了新的局面。接下来，将从三个方面阐释博物馆新媒体传播是如何重塑城市形象的。

（一）充当城市认同建构的新场所

对本地居民而言，博物馆承担着本地文化认同的任务，其本身具有强烈的地域性。越来越多的博物馆正在加强同所在城市中小学与科研院所的联系，力求发挥社会服务的作用，将青少年的教育与培养纳入博物馆的主要工作事项。传统博物馆的展览内容是基于历史考古等专业性的知识，其较高的信息门槛以及相对古板的传播方式难以激发青少年的兴趣。数字时代的博物馆能够将观众的兴趣与展览内容结合在一起，通过营造快乐吸引更多青少年走进博物馆体验展品魅力。其中，基于游戏（现场互动游戏或线上游戏）的博物馆体验可以吸引更多的年轻观众爱上博物馆，观众通过实时交互式的体验不断获得激励，从中获得沉浸感与满足感（温克博、马宝霞，2021）。当前这些新媒体手段主要应用在自然博物馆或科普博物馆中，未来可以将其推广到城市博物馆，让青少年寓教于乐，了解与吸收城市的历史文化知识。

当前高速追求 GDP 的城市化趋势容易引发城市认同的逐渐丧失，

地方博物馆多样化交互传播有利于市民关于城市形象的认知、体验与分享。在市民的参观体验过程中，博物馆的新媒体传播能够形成一种媒介仪式——它使人们从原有的社会结构中暂时脱离，并经历博物馆的一系列仪式获得，然后重新整合到新的社会结构之中（特纳，2006：94-95）。城市博物馆借助沉浸式技术构建某种仪式，从而影响市民和群体的地方认同的建构与维系。这种交互式、仪式化和空间化的过程，能够激活参观者的感官体验，增强其对地方感知的灵敏度，进而强化市民的城市意象和地方认同。

（二）推动城市记忆的新媒体展演

历史文化资源是一座城市人文识别的重要组成部分，它包含历时性与共时性两个方面。博物馆作为城市历史的记录者和展现者，可以实现城市历时性与共时性的统一。博物馆里的物品体现了城市的历史，能够唤起市民掩藏在内心深处的地方记忆。博物馆里的物品是过去秩序的残存碎片，它们脱离了其原始的相关联系而在展览中被置于一种新的联系和秩序之中。这也被人们称为物品的再度维度化或再度语境化（阿斯曼，2017：131）。不少历史场景或古旧文物会随着时间流逝而破损与消亡，新媒体科技为重现和传承城市历史记忆提供了渠道。例如，清华大学美术学院王之纲创作的新媒体作品《城市记忆》，利用三维扫描技术构建的创意化数字视觉记录属于北京的城市发展剪影，建立人与空间、信息之间的认知桥梁和情感联结，引发观众对未来人与科技关系的思考（见图 3-5）。

博物馆是了解城市的一个重要窗口，博物馆的新媒体艺术展演，很大程度上代表着城市形象与城市的个性气质。芒福德认为，如果说博物馆的产生与推广主要是由于大城市的缘故，那么大城市的主要作用之一是它本身也是一个博物馆。城市的景观可以借助新媒体艺术来展演城市记忆，而博物馆的元素可以充当内容载体（芒福德，2005：573）。比如，

2021 年 3 月，武汉江汉路上演樱花主题灯光秀，通过将灯光投影到江汉路步行街尽头的四栋建筑楼体，创造出一种光影沉浸空间的舞台。灯光秀除了樱花主题、抗疫主题、建党百年主题以外，还有反映荆楚文化渊源的省博文物主题。随着音乐声节奏变换，大楼上的光影变成湖北省博物馆十大镇馆之宝（见图 3-6）。因此，这种沉浸式的新媒体技术不仅可以应用于博物馆内部，还能将展演博物馆文物与城市景观融为一体，通过展示与传承城市记忆来重塑城市形象。

图 3-5　王之纲《城市记忆》的视频截图 ①

图 3-6　武汉江汉路民国大楼投影的省博物馆文物 ②

---

① 王之纲：《用新技术创造有价值的深度体验》，详情请见：https://www.163.com/dy/article/FQ4DEODS05508I0K.html.
② 笔者 2021 年 3 月 21 日在武汉拍摄。

（三）融入城市品牌的跨媒体传播

2018 年是文旅融合的元年，国务院机构改革方案提出，将文化部和国家旅游局职责整合，组建文化和旅游部，作为国务院组成部门。城市的文旅资源是城市品牌的重要内核，这也解释了为何世界各地不少城市的文旅资源直接与城市形象捆绑宣传，而城市中的博物馆正是文旅资源融合的集中体现。正如西班牙毕尔巴鄂古根海姆博物馆（Guggenheim Museum in Bilbao）打造了用文化经济推动城市发展的现实案例，创造了用艺术推动传统城市转型的奇迹。在移动互联网的作用下，城市的博物馆作为文化象征物可以从地理位置中脱颖而出，参与到更广阔的城市形象传播甚至是对外传播之中，这样城市特质也能伴随着博物馆的脱域而展现自身都市魅力。博物馆可以借助跨媒体的整合传播，多维度介入城市相关话题，通过博物馆 IP 与城市品牌的合意，达成城市形象传播的倍增效果。

五、武汉博物馆的文化利用与城市传播：案例研究

武汉博物馆是首批国家一级博物馆，也是国家 4A 级旅游风景区。它集中收藏了武汉地区出土的文物，是武汉城市历史文化的集中展示地。正因为如此，它也是城市中的一处重要的景观，成为外地人到武汉的必游之地，构建起了外地人对武汉这座城市最初印象的想象之地。博物馆资源的稀缺性和独特性等禀赋决定着利用博物馆这一有力资源传播城市形象具有无可比拟的优势。本案例希望通过梳理武汉博物馆在陈列设计和观众参观后的认可情况进行契合度分析，进而对博物馆资源如何提升城市对外传播形象提出意见及建议。

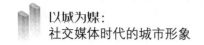
（一）武汉博物馆的资源禀赋

武汉博物馆是武汉市市属国有博物馆，于 1983 年建制。2001 年新馆正式建成对外开放。总建筑面积 17 834 平方米，陈列面积 6000 平方米，现有藏品近六万件，涵盖青铜、陶瓷、玉器、书法、绘画、印章等各个门类。其中以元青花"四爱图"梅瓶、《江汉揽胜图》等为代表的藏品，展现了较高的历史价值、史料价值、文物价值和艺术价值。馆内常设"武汉古代历史陈列"和"武汉近现代历史陈列"等展览，系统展示了武汉城市的历史社会变迁。另外，博物馆重视馆藏文物研究，开展武汉城市史料挖掘，参与《武汉通史》等编纂工作，发挥了博物馆在城市历史文化中的传承作用。

近年来，武汉博物馆通过推出精品展览，借助联合办展和走出去的方式，扩大了武汉城市文化的影响力。武汉博物馆现已成为外地游客了解城市历史文化，传播城市对外形象的重要场所。据武汉博物馆发布的 2016 年度观众数据（之后数据未公开发布），全年共接待观众 67.5 万余人次，本馆馆内观众约 32 万余人次。不仅如此，武汉博物馆还是各大旅游网站上来武汉旅游推荐的热门博物馆。武汉博物馆在携程网武汉必打卡博物馆排行榜排名第三。这些都说明了武汉博物馆作为城市重要文化名片发挥形象传播功能已初具显现。

（二）武汉博物馆对外传播城市形象的基本措施

博物馆是城市的橱窗。博物馆在传播城市对外形象方面主要通过两个方面来发挥传播效果。一是博物馆建筑本身，作为公共空间和活动场所，博物馆因自身独特的外观而成为城市的文化景观。二是博物馆馆藏文物主要是本地区出土的，能够集中体现本地区的历史文化，因此，通过展览馆藏精品文物也是对外传播城市历史文化的有效途径。武汉博物馆在传播城市形象方面主要采取了以下做法。

1. 提升外部景观环境，营造游览文化氛围

博物馆建筑及外部环境是游客在进入展览前对博物馆的首次直观感受。它的建筑造型和外部环境布置能营造一种场域，让进入参观的游客感受到当地城市的地方历史文化。同时，室外空间是博物馆建筑连接城市空间的过渡部分，这部分空间不仅能引导人们进入博物馆，还能满足人们日常生活。因此，博物馆应改变传统设计方式，"通过模糊建筑边界和人的空间感知"来改善博物馆空间和城市空间的对立面（邹鹏飞、刘谞，2019）。

武汉博物馆的建筑本身具有直观的传播效果。博物馆造型方正，布局对称，它的独特造型让部分游客产生了庄严感。在美团网用户评价中，网友"大水豚啦"表达了这种感受："博物馆整体建筑依中轴线对称展开，层层叠起、棱角分明的外立面以及金字塔（式）的屋顶，凸显博物馆的庄严有度。"

为了加大博物馆外部景观对城市形象宣传的效果。2020年8月，武汉博物馆进行了馆外环境重新设计，打造了具有中国传统园林风格的景观。博物馆还联合武汉市艺术学校，对户外的电信配电箱进行绘画创作，将其打造为景观延伸的展示区。改造后的馆外环境整体和谐统一，营造了浓郁的古典园林氛围，也与博物馆集中反映武汉地区的历史与文化的定位相匹配。

2. 创新室内陈列，强化游客的观赏性和互动性

博物馆是主要是以藏品为中心进行展示的，因此如何突出藏品陈列让观众更多地了解文物所蕴藏的背后知识，激发观众的认同尤为重要。在展览的形式上，武汉博物馆对展厅进行了提档升级，着重增加了与游客的互动板块，增强了游客的体验感。以2020年9月改造后的陶瓷展厅为例，将"古代陶瓷艺术"陈列展厅原有展线压缩。以"元青花'四爱图'梅瓶"为展示中心，专门辟出150平方米的特定区域，打造元青

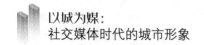
花梅瓶参观体验区。升级后的首展"暗香浮动——元青花四爱梅瓶特展"，采用了多种展示形式。

一是优化展柜，确保观众能够全方位欣赏。展柜设计成立圆柱体独立展柜，采用全低反射玻璃，独立的灯光照明，并在展柜四周放置详细的纹饰说明。这样能够保证观众全方位欣赏梅瓶之美，了解梅瓶的历史艺术价值。

二是突出知识的延伸，着力解读文物背后的故事。在展柜周围同时还布置有文物"魔墙"、背景知识类视频等，帮助观众了解梅瓶的发展演变历史及有关陶瓷类的知识信息，丰富观众的历史知识。

三是突出与观众的互动，强化观众对文物和历史文化价值的认同。此次展览最大的特点是设计了观众互动区域。该展览将现藏于大英博物馆至正十一年元青花云龙纹象耳瓶、湖北省博物馆和武汉市博物馆分别收藏的元青花四爱梅瓶等均按照原有尺寸制作复制件进行展示。观众不仅可以观赏，还可以上手触摸，真正做到可感可触，获得独特的观展体验。

3. 突出"互联网 +"，强化科技赋能

现代科技大发展为传统博物馆的转型提供了新动力，提高了博物馆的公众服务水平。通过发展数字技术，将文物"搬到"网上，可以破除馆际壁垒，构建资源共享新局面。

作为公共空间，新冠疫情也对博物馆的开放产生了巨大的冲击和影响。为此，武汉博物馆利用互联网技术，通过开展云游等方式，帮助游客实现了线上游博物馆的愿望。2020 年 5 月 18 日的"国际博物馆日"，武汉博物馆与全市其他 10 余家博物馆共同参与了《记录与守望——与武汉共呼吸的博物馆》活动，用直播与视频的形式带网友"云游"博物馆。其中首场云游在武汉博物馆《江汉揽胜图》的视频中开启。本场活动直播共吸引了 230 万网友在线观看。

2020年5月10日—6月13日，武汉博物馆还参加武汉革命文物线上展示月活动。其中，武汉博物馆所展示的"武汉近现代历史陈列"展览共分为江汉潮起、华中都会、浴火重生三大部分，展示了从1838年林则徐武汉禁烟至1949年武汉解放的城市演进轨迹。值得注意的是这次活动采用了5G技术，通过5G文旅互动直播平台，观众不但可以听到讲解员现场讲解，还可以参观到精品，倾听文物背后的故事。

武汉博物馆不仅积极参与线上活动，还加强技术研发打造线上平台。2018年3月，武汉博物馆推出了以文物赏析为主要功能的"江汉集珍：武汉博物馆馆藏文物精粹"手机APP。该系统按照类别将文物以图文的方式进行了详细解读，可以让读者更加深入观察文物和了解文物背后的故事。网络技术的运用，不仅让文物背后的历史价值更加清晰，而且消解了距离带来的隔阂，让更多外地游客领略到武汉地区的历史文化特色。

4. 通过文物展览积极扩大交流，传播武汉历史之城的形象

文物是城市历史文化的载体。武汉博物馆通过馆际交流和联展的方式，积极推广传播武汉地区的历史城市形象，扩大武汉城市历史文化的传播力和影响力。一种方式是"请进来"。2017年5月18日"国际博物馆日"之时，武汉博物馆联合西安博物院在该馆首次举办专门反映古代女性生活的展览"环肥燕瘦——汉唐长安她生活"。此次展览共展出西安博物院和武汉博物馆馆藏的汉唐时期陶俑、金银器、铜镜、玉器160余件，分为"短长肥瘦各有态""风吹仙袂飘飘举""云鬓花颜金步摇""回雪飘飘转蓬舞""长安水边多丽人"五个单元。将汉、唐墓室壁画，与文物相结合，再现汉唐历史风貌。

针对不同群体的观众，又推出以唐代服饰文化、传统国学礼仪为主题的"观华服美蕴、兴礼仪之邦——感受唐代婚俗礼仪"等系列互动体验活动。其中"韩休墓壁画体感互动"项目，观众可以随着乐曲，跟

着动画人物学习汉唐礼仪。开辟"环肥燕瘦"互动展示"魔墙"系统，该系统收藏汉唐女性服饰文化等知识点近 300 个，观众可以实时点击查阅与展览有关的文物信息，极大地增强了文物的互动性和知识性。正因如此，该展览 2018 年荣获第二届湖北省博物馆纪念馆六大陈列展览精品奖。

同时，武汉博物馆还积极走出去，向其他城市展示武汉地区文物的魅力。2018 年 3 月，武汉博物馆与嘉兴博物馆在嘉兴共同举办"铜镜的故事"铜镜专题展，共展出从战国到清代时期的馆藏 120 件铜镜藏品。展品中有镌刻汉代诗经铭文的鲁诗铭文镜，蕴含隋代社会家国情怀的隋光正十二地支铭文镜，体现唐代社会佛教文化的万字铭文镜等时代文化信息强烈的铜镜。这些铜镜的展出体现了武汉地区不同时代的审美情趣。

此外，武汉博物馆还积极走出国门，宣传汉派文化。2018 年 6 月，武汉博物馆赴非洲参加了由尼日利亚中国文化中心举办的"中国文创产品展示周"活动。活动期间，武汉博物馆共展出文创产品 20 余件。其中，利用馆藏《江汉揽胜图》开发的系列衍生文创产品：江汉揽胜雨伞、江汉揽胜文件夹、江汉揽胜鼠标垫钱包两用、江汉揽胜书签、江汉揽胜楠竹学生用具等产品受到关注，并永久收藏于尼日利亚中国文化交流中心。此次活动通过文物在国际上传播了汉派文化的影响力。

武汉博物馆还注重文物的交流作用，通过参与承办交流会，推动文物在社会方面的影响力。2017 年，武汉市文物交流中心承办了长江中游城市群暨武汉 2017 第八届全国文物艺术品交流会。32 家国有"老字号"文物商店和一批有影响的古玩商户携带各自的"奇珍异宝"参会。湖南、长沙、安徽、合肥等兄弟文物店，北京、天津、上海、新疆、云南等各大省市业内经销商参展。会展设置了文物交流、文物拍卖两大区域，扩大了武汉地区文物的影响。

5. 结合热点事件，推出文物创意设计展览

热点事件的出现也给文物陈列设计带来了新的创意点和表达方式。疫情期间，武汉博物馆充分挖掘馆藏文物内涵，创新表达方式，通过文物传递防疫知识和抗疫精神。2020年国际博物馆日期间，武汉博物馆展出了"文物系荆楚、祝福满江城——全国文博界文物抗"疫"海报特展"，此次展览观众既可以欣赏到文物，又能感受全国文博界不同的设计风格和祝福。

武汉博物馆还利用馆藏文物，通过文物解读防疫知识，实现了文物的现代传承。武汉博物馆选取了白陶武士俑、窃曲纹龙柄四足匜等八件馆藏精品，结合藏品内涵，设计出了富有特色的四幅海报组图，传递了勤洗手、戴口罩、勿扎堆、分餐制等健康常识。

（三）武汉博物馆利用文物传播城市形象的特点

武汉博物馆利用馆藏文物通过线上线下、文创设计等多种形式向游客展示了武汉地区的历史文化魅力，体现了博物馆在文物展示方面的大胆求新和潮流。武汉博物馆在打造文物展出方面集中体现了感知性、互动性、平台型、科技性等多重特性。

第一，注重博物馆的场域作用，强调现场氛围。博物馆不仅是展示文物的地方，还是城市重要的空间景观。建筑轮廓和周边环境的独特性能让参观者产生强烈的触感，从而具备城市独特的标识性。同时，展馆内灯光和空间的处理也能强化对文物的认可度。武汉博物馆很好地运用了场景在强化博物馆文化影响方面的功能，不仅在博物馆外进行了古典园林式的改造，还在展厅内采用全低反射玻璃和独立灯光照明，便于观众全方位地欣赏文物，增强了文物的观赏性。通过馆内外景观的打造，加深了观众对武汉博物馆的印象。在美团用户评价的关键词中，"古香古色"和"环境很好"位居前两位。这充分说明了武汉博物馆在景观设计方面观众的认可程度。

第二，强化可感可知可触，增强文物的体验感。强化文物的可感知性，能够加深观众对文物的认识了解，提升观众对文物背后知识的兴趣和强化对文物所蕴含的历史文化信息的认同。武汉博物馆制作的文物魔墙和梅瓶文物复制件等让观众可以上手触摸旋转。同时还将同类型的梅瓶进行了原样复制，这无疑增强了游客参观的体验感和对梅瓶这一器物的认知。

第三，注重科技赋能，让文物活起来。随着现代网络技术的发展和运用，实现科技与文化的融合，充分发挥"互联网＋"的功能已然成为业界的共识。武汉博物馆积极打造互联网平台，充分发挥信息技术，从而实现了文物的更好展示。例如，博物馆推出了"江汉集珍：武汉博物馆馆藏文物精粹"手机APP，通过手机就能在线了解文物知识。除了利用互联网技术搭建平台外，利用新媒体营销也是博物馆利用互联网宣传文物形象的一大方面。武汉博物馆利用5G技术开展网上云游博物馆等方式实现了在线游博物馆。技术平台和营销平台的搭建共同实现了互联网在赋能武汉博物馆方面的作用。

（四）武汉博物馆传播城市形象的不足

近年来，武汉博物馆在利用文物对外传播武汉城市形象方面采取了科技运用等多种方式，也取得了一定效果。一方面是外地游客访问量不断增加，通过游览武汉博物馆加深了对武汉地区历史文化的了解。例如大众点评中网友"兔几安东尼"评论，通过参观武汉博物馆加深了对武汉历史的认知，"原来武汉还有不少历史事件比如伯牙子期高山流水遇知音，岳飞抗金，林则徐禁烟等等"。另一方面是通过博物馆科技的运用加深了对博物馆的认知。例如网友"顺时针1986"感受最深的是博物馆的现代感，认为"展厅很多电子触摸屏浏览器，自主浏览加深认识"。但尽管如此，武汉博物馆在利用文物传播城市形象方面还存在一系列问题。

一是地方感可标识性不强。馆藏文物精品和博物馆建筑的独特性是博物馆可识别度的一个重要指标。一些博物馆建筑因历史悠久，保留了地域文化特色，反映了最原始的审美艺术和文化内涵。因此博物馆具有很高的价值，甚至为城市建筑文化提供借鉴示范。

文物是博物馆的符号象征，能够帮助游客迅速识别出它的独特性和唯一性。看到秦始皇陵兵马俑，我们就想到西安；看到故宫博物院，我们能迅速知道在北京。可以看出，博物馆的特有藏品和可标识的特性是区别不同城市的重要体现。这也说明了城市博物馆的地方感的重要性。就武汉博物馆来说，从统计来看，虽然有的游客被博物馆建筑环境所震撼，确实认同博物馆所营造的严肃氛围，但更多的游客并未感受到武汉博物馆的独特性和可标识性。通过对美团用户评价的关键词分析可以看出，在 10 个评价指标中"地方赞"排名倒数第二位，评价数仅占总数的 3.2%，见表 3-1。

表 3-1　武汉博物馆的关键词评价指标占比

古香古色	环境很好	家庭亲子	商圈附近	高大上	交通便利	人气旺	体验很棒	地方赞	停车方便
116	76	49	37	32	27	26	19	13	4

地方标识性不明显导致了外地游客识别难，常常将省博与市博混淆。比如，著名的马蜂窝网站上武汉博物馆页面上的封面图片为湖北省博物馆藏的曾侯乙编钟。部分外地游客也将省博物馆误认为市博物馆。如"ZCAT220"网友在评论中认为"武汉博物馆充满了人文气息。最著名的应该就是编钟和越王勾践剑了"。这显然是没有分清武汉市博物馆和湖北省博物馆。

二是藏品展示方式有待创新。武汉博物馆集中反映武汉地区历史文化的展厅主要有"武汉古代历史陈列"和"武汉近现代历史陈列"两个基本展厅。从两个展厅的布置上来看，基本都以通史型时段分布为主要表达方式。如"武汉古代历史陈列"展览由江汉曙光、商风楚韵、军事要津、水陆双城、九省通衢五个部分组成。"武汉近现代历史陈列"由江汉潮起、华中都会、浴火重生三个部分组成。这些布展有利于观众对武汉地区的历史文化有宏观性了解，但能够代表武汉地区特色的文物展示不明显。且在文物展览中，除了近期突出梅瓶展览外，其他文物的展览方式还有待创新，对文物背后故事阐释得还不够。如有网友在参观完博物馆后评价"展品展示的故事性不够强，有些呆板"。这些都说明了武汉博物馆在形式表达上有待提升。

三是科技赋能挖掘深度还不够。互联网技术的发展，为文物的活化利用和展示提供了新的方式，也加深了观众对文物的了解和认同。武汉博物馆充分运用了互联网技术吸引观众云游博物馆。云游方式不仅解决了距离和时间的问题，同时扩大了文物的社会影响范围。但是，与其他博物馆相比，武汉博物馆在推进科技与文化融合方面还不够深入。例如，故宫、敦煌等6家博物馆早已实现了VR全景观看技术，而武汉博物馆在这方面的工作还有待推进。同时需要看到的是，分享式的传播已成为博物馆传播的新方式。利用观众分享式的传播具有传播群体广泛和平等、传播成本低、传播内容即时和便捷等优势。武汉博物馆在推进观众分享所展示的文物信息、推荐武汉地区历史文化特色等方面还需要进一步挖掘。

四是宣传技术有待提升。武汉博物馆地方识别度不高的一个重要原因还在于缺乏有效的营销手段。从武汉博物馆微博来看，粉丝量有7万多人，受众量有一定的积累，但从发帖内容来看，少有转发和评论。这说明内容的黏合度不高，社会影响力有限。在新媒体的趋势下，武汉博物馆在利用长短视频直播等方式展示文物信息，推荐武汉地区历史文化特色等方面还需要进一步挖掘。

（五）博物馆提升武汉城市形象传播的意见建议

文物承载着历史文化，是反映武汉地区历史文化的重要载体。深入挖掘和阐发、推广文物资源承载的历史文化价值和时代价值，让文物展示武汉特有的城市文化魅力，对于提高城市形象对外影响力，弘扬城市精神具有独特的作用。

近年来，武汉博物馆在加强馆藏文物整理、服务社会、扩大宣传等方面开展了一些工作。文物在传播社会影响力方面有一定的成效。但同时，识别度不高、社会参与度不高、科技支撑不明显等问题也突出存在。武汉博物馆应进一步提高认识，着力创新文物的收藏利用和创新表达方式，在利用文物传播城市形象方面探索出一套符合地方城市特色的文物保护利用之路。

第一，加强文物的收藏力度，做好精品展出工作。武汉博物馆地方识别度不高，一个重要的原因就是没有具有全国知名的精品文物和镇馆之宝。省博物馆的国宝曾侯乙编钟和越王勾践剑全国知名，与省博物馆相比，武汉市博物馆还没有较为知名的国宝或代表地方性历史的藏品。正因为如此，外地游客常常将省博物馆与市博物馆混淆。这种情况不利于武汉城市历史文化的传播。与此同时，武汉市除了武汉博物馆外，江汉关博物馆、盘龙城遗址博物馆等专门博物馆大量存在，一定程度上稀释了武汉博物馆在展示城市历史文化方面的地位和影响。

因此，为提高武汉博物馆在传播城市历史文化方面的影响力，就要提高博物馆馆藏文物的稀缺性。一方面加大文物征集收集工作。文物对提升博物馆的影响力至关重要，武汉博物馆应加大在全市的文物征集力度，特别是注重收集能够代表武汉地区历史文化变迁的稀缺性文物，充分发挥文物在展示武汉地区历史文化方面的独特魅力。同时要注重全市文物的普查工作，摸清全市文物家底，充分挖掘文物历史故事；另一方面做好精品文物特展展览。梳理博物馆中收藏的文物，多让收藏的精

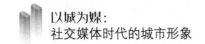

品文物走出库房，走向社会。通过精品文物展示城市故事，提升博物馆和城市自身的影响力。

第二，创新文物展览方式。文物所蕴藏的历史信息最终要通过展出来加以体现，布展方式成为观众解读文物背后信息的重要平台和手段。随着科技和布展理念的更新，现代博物馆已不再是通过展柜等单一方式进行线性布展，而是更多地从视觉文化的角度出发，找到一种受教育和可欣赏并存的博物馆展示方式。通过科技、空间、灯光、声音和视觉等多种方式的塑造，打造游客沉浸式的体验游览。

武汉博物馆应加强对空间、灯光视觉等的综合运用，通过布展营造出与文物年代、历史特征相符合的环境，让游客在游览中与文物产生共鸣，增加游览中的感官体验。另外，还应增加文物与游客的互动性。一般来说，游客参观博物馆的主要方式还是通过观赏文物来获得历史文化信息。博物馆应在展示方式上有所突破，通过复制品和虚拟技术、体验制作等方式，让观众可触可知，从不同层面丰富游客的感知层次，增加游客与文物的互动。

此外，科技在文物展出和博物馆的运用，增强了博物馆的影响力，这已经成为共识。从全国来看，一些知名博物馆之所以受众面广，一个重要原因就在于科技赋能所显示出的巨大能量。武汉博物馆下一步也应该加大对科技的投入，发挥科技在传播文物信息方面的作用。一是发展5G 技术下的沉浸式的游览新模式。通过 VR 全景游览、AI 智能讲解和文物修复、全息 3D 投影等技术丰富文物的故事内容，增强文物的吸引力。二是加强平台的运用开发。一方面在现有的"江汉集珍"等 APP 基础上强化功能的延伸和拓展，增加文物修复体验、文物拼图、文物前身故事等板块，增加观众的体验互动，全面提升博物馆的数字化水平；另一方面随着互联网的发展，用户海量信息出现，数据的使用分析成为博物馆提升利用的重要手段。杨扬等人分析了西方博物馆在数据驱动下重构博物馆运营生态的做法（杨扬、张虹、张学骞，2020）。武汉博物馆可以通过对平台的深度开发，通过对用户行为数据的分析，依据用户特征和内在需求制定运营决策，实现精准定位，提升博物馆的影响力和感染力。

第三，加大营销力度。互联网的发展给博物馆等公共场所的宣传带来了新的考验。进入新媒体时代后，出现了双向互动式的宣传方式。这种传播方式是未来博物馆的发展趋势。博物馆有必要重视新媒体信息传播工具在博物馆宣传中的运用。武汉博物馆应转变宣传方式，运用互联网思维加强文物的宣传推广。

其一是借助网络平台加强宣传。充分借助抖音、快手等当前热门的短视频平台，加强短视频制作和投放，利用主播游博物馆的方式在网络上积极推荐。博物馆在运营短视频平台过程中，应跟紧行业领域内的话题和热点，重视原创内容的制作和推广，"引导粉丝参与、模仿、打卡，实现二次甚至是裂变式传播"。

其二是利用直播的方式，邀请网红打卡直播博物馆文物展示利用情况。同时还可以利用自身的媒体平台，加强创意文案的制作宣传，讲好武汉地区文物故事。积极参加大型节庆活动，推动线上线下融合推广。比如，参加斗鱼直播节等地方本土直播节和全国博物馆日等系列活动，展示武汉历史特色，提升博物馆的营销水平。

其三是打造博物馆的"耳朵经济"。"耳朵经济"是指人们利用耳朵来消费音频传达的信息。耳朵经济所产生的音频更多体现出来的是智能化、个体化和私密性的特征。它能够"扩大与现实世界平行的时空感"。[①]对于博物馆来说，需要利用音频，打造声音社交，来扩大影响。武汉博物馆可将文物故事进行整合，开发系列音频节目，进行精细化播出。利用智能穿戴设备，实现人机互动。发挥音频私密空间效果，将音频与日常场景相连，将博物馆历史与现代生活结合，实现场景融合，拉近博物馆与观众的生活距离。

---

① 徐士景：《耳朵经济对博物馆宣传的影响》，《中国文物报》2020 年 8 月 4 日第 6 版。

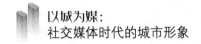
六、本章小结

博物馆是了解一座城市的重要场所，对城市文化宣传具有不可替代的作用。同时，博物馆也应当是传统文化的记忆者和多元群体的精神家园。在新时代，博物馆面对社交媒体与新技术嵌入下的观众，要改变传统的信息传播方式，将新媒体应用到文化藏品展示中去。社交媒体改变了博物馆的营销模式：一是博物馆借助微博、微信以及短视频平台发布信息，并与目标观众实现线上互动；二是借由社交媒体的病毒式传播属性，部分博物馆成为城市网红打卡地；三是社交媒体消解了博物馆文物的神秘性和魅惑性，从而促进了文创IP的走红。

与此同时，社交媒体促进博物馆与参观者之间的平等对话，使参观者被纳入博物馆的整套叙事流程。博物馆的数字化应用增强了观众参观时的沉浸感与互动性。虚拟现实与云直播的应用，让观众足不出户就能实现看展的愿望。基于这些应用，博物馆的新媒体传播重塑了城市形象：博物馆作为地方认同构建的场所，为青少年的教育与培养提供了更多样的机会；博物馆的新媒体展演，为城市历史的重现与记忆的传承提供了渠道；博物馆借由跨媒体的整合传播，可以融入城市形象的完整体系之中。本章还通过武汉博物馆的个案研究，概括出城市形象传播的提升路径：

——征集代表城市文化的典型文物，提高馆藏文物的稀缺性。

——加快智慧服务建设，完善互联网基础设施建设，实现博物馆数字化覆盖。

——积极开展沉浸式体验，通过VR全景游览、AI智能讲解、全息投影技术丰富文物内涵与吸引力。

——形成自媒体矩阵，加强与目标观众的线上交流互动。

——挖掘馆藏文物的趣味性与独异性，打造爆款文创IP产品。

——将馆藏文物融入城市景观与旅游资源，让博物馆元素参与城市事件营销。

第四章
城市事件与媒体形象

　　前面两章主要考察的是城市物理时空（景观资源和博物馆等）如何塑造城市形象，以及市民或游客通过城市物理环境的直观体验来塑造关于某座城市的印象。但对多数人而言，很难花费太多的时间去体验那些非自己工作、学习或生活的城市，他们只能借助信息传播的渠道生成对他者城市的看法。有外国学者认为，地方形象的构建是一个漫长的社会化过程，涉及家庭环境、学校、文学和媒体等不同的社会化因素（Erlbaum，2016）。其中，大众传媒体系既是城市形象的传播载体，又是城市政治、经济和社会权力构建城市形象的核心领域。就某种情况而言，大众传媒本身就代表着城市形象，比如湖南卫视之于长沙、《南方周末》之于广州等。值得一提的是，大众传媒对于城市重大事件的报道是构建外地人关于某地城市形象感知的重要因素。社交媒体的介入，使城市事件的呈现以及舆论的生成、扩散更加趋于多元和复杂。

一、城市形象与城市事件

　　事件（event）乃是一个沟通工具，它是借由活动的形式（如宗教性、历史性、文化性、体育活动、影音娱乐等）来汇集欲沟通之对象，让双方有讨论、接触以及体验的机会。而重大事件（mega-event）是现代社会的大型"狂欢秀"，它指的是具有戏剧特点且能反映大众流行诉求和有着国际重大意义的大规模文化、商业和体育事件。它一般是由不同的政府部门联合起来，并与非官方的国际组织共同组办，是官方版本大众文化的重要部分。随着城市化水平的提高以及越来越多的全球城市涌现，重大事件的营销成为传播城市形象、提升城市无形资产的有力手段。大事件传播策略有造势传播和借势传播两种。举办大型赛事、展览、会议来提升城市形象的传播方式，属于造势型的事件传播。而借势型的事件传播，指的是利用人们对某个正在或已经发生的事件的关注，顺势而为，推介自身。青岛正是利用 2008 年北京奥运会之机，搭顺风车，整合资源，推广帆船之都的形象，取得极大的成功（吕尚彬，2012：243）。

长期以来，城市一直将举办世博会和体育赛事等大型活动作为振兴经济、建设基础设施和改善形象的手段（Getz，1991）。大型活动被视为形成城市传播身份和核心价值观的宝贵机会。大型活动具有持久性、持续关注度、难忘体验以及组织专业性等特点，在城市转型和品牌塑造中发挥重要作用。赢得此类活动的举办权被视为实施城市品牌塑造的绝佳机会（Whitson & Macintosh，1996）。可以说，大型活动会改变城市景观和功能，这些变化可以转化为城市的身份与核心价值。具体表现如下：

一是为举办和服务大型活动而打造城市空间和建筑的新地标，例如拓宽交通网、建造大型场馆、赛事的运动员村和基础设施；

二是引入新市场和新资源，例如通过活动赞助和各种形式的国际国内合作来确保资金来源，以及以活动为中心的商品和纪念品的营销；

三是通过改善国际关系，增强经济和社会能力，提升国际门户地位和加快城市改造，重新定义东道主城市在世界城市等级体系中的地位；

四是通过媒体报道、游客访问、公众参与和社区支持来创建、宣传和巩固城市的身份（Zhang & Zhao，2009）。

一般而言，事件类型包括文化庆典（节日、遗产纪念、宗教仪式等）、政治或国家事件、艺术和娱乐事件（艺术演出、艺术展等）、会议与贸易事件（会展与国际事务等）、教育与科学事件、体育赛事以及年会等（Getz & Page，2019：30-44）。其中，以奥运会为代表的大型赛事举办是提升一座城市国际形象影响力的绝佳机会。在 20 世纪七八十年代，世界各国的城市对举办奥运会还并不热衷，但 1984 年的洛杉矶奥运会带来了戏剧性的变化。洛杉矶奥组委通过门票销售、电视转播、赞助商竞标和无薪志愿者等方式，不仅使该届奥运会盈利，同时还提升了洛杉矶的全球形象，并刺激了当地的投资与旅游业发展。自此以后，各大城市开始为了举办奥运会、世界杯或世博会等活动而展开激烈竞争。

1992 年的巴塞罗那奥运会提供了一种为固定结构增加灵活性的方法，它是一种增加地标图像价值的奇观来源。这一盛会鼓励人们不止一次地访问一个地方，通过举办一系列不同的活动，一个城市可以在许多不同的潜在市场中展示自己。正如霍尔（Hall，1992：14）所指出的："很显然，重大事件可以塑造东道主的形象，使其拥有潜在旅游目的地的良好印象。"而北京奥运会的举办，使北京逐渐摆脱了传统的"古城"形象，被重新定位为现代化的国际化城市。通过奥运会，北京的对外传播影响力大幅跃升，大量优质外部资源涌入北京。《北京奥运会经济研究报告》中指出，从 2007 年开始，北京的国际交往人口不断上升，年接待入境人数从 2007 年的 286 万人增加到 2008 年的 460 万人，全市承办大型国际会议由 44 个增加到 2008 年的 100 个左右。这也印证了国外学者的观点，如果一场大型活动对主办城市产生了重要影响的话，它就会被认为是"大的"，特别是在媒体宣传方面（迈尔斯，2013：133）。

二、城市形象的媒体自塑

城市的媒体形象是经由大众传播媒介的报道而塑造的城市形象，它是城市形象的媒体表征，是公众舆论对于一座城市的总体印象和评价。

在传统时代，外界了解一座城市，多数来源于报纸、广播和电视对于城市经济、文化与社会等信息的筛选、加工与传播。特别是中国特色的宣传体制决定了官方媒体可以通过强调某个地点的特定功能或特征，来影响人们对所有城市的看法（Xu et al.，2021）。

有国内学者曾分析了报纸如何建构城市的公共空间：改革开放以来，我国的"城市化"运动迅速开展，在这一过程中，大众报纸作为一种主要的市民舆论媒介，实际上也通过文字、图像和报道参与了这场"城市化运动"，不仅从多方面建构"纸上的城市"，塑造了各种各样的"城市形象"，而且报纸媒体对于城市的报道、叙述和想象，深刻影响并建构了市民的"城市观"（曾一果，2011）。

在其中，本地媒体的自我传播是塑造城市良好形象的重要手段之一。这一传播方式指的是一座城市的政府机构、媒体和民间组织自身作为传播者，通过各种不同的传播渠道开展对外形象传播。它是一种"带有自我感情和围绕自我意志的构建与传播"（刘小燕，2002）。多数地方都集中精力在新闻媒体上发布正面报道，因为这些媒体在区域范围内具有巨大知名度，并且在塑造舆论方面具有重要的作用。

西方学者曾总结媒体构建的四种地方形象类型：一是负面报道较多的地方；二是媒体未报道的地方，除了负面背景，通常与犯罪、社会问题和自然灾害有关；三是获得很多正面报道的地方，如文化、旅游或投资；四是被媒体忽视的地方，但在被注意时以正面报道为主（Manheim & Albritton，1984）。在当前新媒体环境下，地方的城市形象自塑主要体现在两个方面：一方面为地方的政府机构和公共组织主办的政务新媒体（即"两微一端"），其借助官方优势所发布的信息具有权威性和重要性；另一方面则是城市大众传媒的新媒体转型，其传播内容趋向于市民的日常生活实践，在"两微一端"的基础上还延展为长、短视频平台以及文化内容产业等。

（一）地方政府机构的信息发布

早在 20 世纪初，芝加哥学派代表人物帕克就将报纸定位为城市范围内的信息传递。他认为，公众舆论正是以报纸所提供的信息为基础的，报纸的第一个功能便是以前村庄里的街谈巷议的功能。在城市中，欲了解公众舆论的性质以及其同社会控制之间的关系，首先需要研究当时已经实际被应用来控制舆论、启发舆论和利用舆论的那些机构和措施。而这些机构和措施中，首要的便是新闻事业，即日报和各种形式的现时的文献，包括各类现时的书籍和杂志等（帕克，2012：39-40）。在移动互联网诞生以前，传统媒体作为地方政府的代理人，向市民发布各类官方信息；web2.0 兴起以后，地方政府发布信息的渠道也越来越多元，从早期的政府网站到如今官方背景的政务新媒体。地方政府的宣传功能得以借助这些社交媒体而凸显，其双向互动机制可以为市民的公共参与提供渠道。本章接下来将主要从地方政府的信息发布来开展论述，而有关市民网络参与的内容将在第六章呈现。

中国的城市继承了以往党报党刊的信息发布模式，在新媒体时代借用数字化渠道向公众及时传达公共信息。这一部分的内容主要包括宣传政策、塑造形象、引导舆论、沟通对话、协调组织和服务公众等。不过有别于传统的政务发布模式，政务新媒体在传播城市信息时也会涉及市民感兴趣的城市日常生活等内容。例如，"南京发布"官方微博为了宣传南京本土特色文化和生活，会囊括南京的饮食、文娱和游玩场所的信息，通过推送这些具有深厚文化底蕴的"老字号""南京口味"和"南京特色"的信息，彰显城市的文化软实力（谢静，2020）。

除此之外，地方政府的政务新媒体能够让城市各部门的信息发布在线上形成矩阵与合力，打通市、区、街道以及市直各机关单位的沟通渠道，在方便市民信息获取的同时，也节省了各级机构之间的沟通成本。以"上海发布"为例，它作为市政府办公厅的有机组成部分，使政府体系内部、党政系统以及政府与公众之间的沟通效率大幅度提升。尤其是"上海发布"成为办公厅的一个处室后，有利于上海市政府更顺畅地开展公共传播工作，同时使数字网络传播特有的时空要求，能符合政府公共行政管理机构固有的传播逻辑，从而实现更灵活的矫正和适应（潘霁，2019）。

（二）传统城市媒体的媒介融合转型

2019 年 1 月 25 日，习近平总书记在十九届中央政治局第十二次集体学习时发表《加快推动媒体融合发展　构建全媒体传播格局》重要讲话。文中指出，推动媒体融合发展，要统筹处理好传统媒体和新兴媒体、中央媒体和地方媒体、主流媒体和商业平台、大众化媒体和专业性媒体的关系，不能搞"一刀切""一个样"，要形成资源集约、结构合理、差异发展、协同高效的全媒体传播体系[①]。从中可以看出，传统媒体特别是地方传统媒体需要加快进入移动传播的主渠道，坚持移动优先的策略，搭建地方移动传播平台，让主流媒体借助移动传播占据舆论引导、思想引领、文化传承、服务人民的传播制高点。

传统媒体作为城市的文化资本，其本身就是城市形象的重要表征。比如，纽约拥有包括哥伦比亚广播公司、美国广播公司和全国广播公司等电视台，以及《纽约时报》等一批知名纸媒在内的庞大媒体矩阵，24 小时不间断向全美国甚至全世界传递信息，同时也塑造和传播纽约的城市形象。随着新媒体的发展，传统的城市媒体也纷纷开始媒介融合转型，以往自上而下的单向信息传播方式被打破。在新型的传播模式中，用户的地位和作用尤为重要。互联网将传统媒体"一呼百应"式的舆论引导进行解构，灌输式的信息传播效果不再灵验（黄楚新，2015）。

为了在新媒体环境中多头并进以及分散出击，地方的党报多采用

---

① 参见习近平总书记发表在《求是》杂志 2019 年第 6 期的文章《加快推动媒体融合发展　构建全媒体传播格局》。

"大号"与"小号"相结合的运营模式。"大号"主要是指城市的"两微一端",以城市媒体的实名来命名,以彰显其官方身份,并且承担着城市治理网络不可回避的重要宣传任务。以《北京日报》为例,其"两微一端"的内容主要来自城市党报《北京日报》纸质版:官方微博除发布自身报纸的宣传内容以外,还会转发央媒与北京政府部门的相关微博内容;微信公众号由于每日只能推送一次,因此像日报一样每天早上推送五六条信息,内容主要也是党报的宣传内容以及北京市民关心的服务信息;客户端则伴随日报发行,在六点到十点的时间段集中发布,内容也主要为《北京日报》的电子版(周海晏,2020)。

相较而言,"小号"在"大号"的基础上更倾向于形成多种媒体形态的系列"矩阵",而且将业务范围延伸到新闻信息范围以外的文化娱乐、物流、游戏以及旅游等大传播领域。这一类"小号"实用性强、互动灵活,并且无太多言论发布的风险,它一方面可以提高地方媒体本身的用户黏性和传播力,同时也具有树立、推介和传播城市形象的作用。由于社交媒体有利于用户的互动与分享,因此公众乐于转发和评论城市的服务类或生活类信息,同时也能将自我意识与城市形象进行关联,从而提升公众的城市认同感。例如,南京日报社借助公众号"读者俱乐部"来加强与读者的多样化互动。此外,基于受众的兴趣爱好,南京日报社还开通了相应的公众号,如聚焦摄影主题"拍吧拍吧"以及聚焦体育运动的"趣动吧"等(谢静,2020)。

(三)事件营销与媒体联动

本章第一节已经讨论了举办城市事件是改善城市形象的重要手段。需要指出的是,城市在举办大型活动时,一般会配合本地媒体进行大规模、持续性的新闻报道。媒体报道作为传播者的角色,在事件营销以及城市营销过程中,扮演着重要的角色。这些本地媒体可以通过报道受欢迎的活动或者城市的吸引点来拉近与受众之间的距离;城市管理者也可以利用媒体公关和服务来进行营销宣传，提高城市品牌形象，增加事件活动的曝光度。上文所说的政务新媒体或城市媒体可以借助城市事件或活动打造各种新的社群，创造城市的虚拟认同空间，从而提供更好的城市公共生活。

如果是主办奥运会这样的大型事件，可以通过媒体在一定时间段的集中饱和报道，把地区的、本国的和国际的媒体注意力吸引到一座特定的城市上来。这样的媒体曝光度，有助于那些复兴的城市推销自己，并能提供让本土经济长期获益的诱人承诺（史蒂文森，2015：125）。因此，在筹备与举办大型事件时，主办方应明确要传播何种地域文化元素。对于一个在筹备国际盛事的地方来说，在全球媒体的聚光灯下，最重要的是明确知道自己想要说什么以及要证明什么。例如，2004年雅典奥运会期间，主办方将雅典奥林匹克遗产元素融入整个赛事之中（包括会徽、口号、吉祥物、建筑和开幕式），不仅使这届奥运会有了雅典自己的特色，而且还在视觉和概念传达方面强调了奥运会回家的效果。

除了奥运会以外，地方的特色赛事也往往能成为对外传播的"城市名片"。比如，近些年风靡国内大中小城市的马拉松赛事，经由央视五套、省市广电总台频道以及网络直播等媒体，极大地拓展了城市空间的传播力，使城市的运动赛事成为一种策划的媒介空间。在这一媒介构建的城市跑步爱好者狂欢的空间中，宣传城市品牌、提升政治口碑、创造商业机会等各种谋划相互交织、相互利用，城市马拉松赛也因此成为具有多项收益可能的文化产业（胡翼青、汪睿，2018）。另一个有趣的例子是从20世纪中期延续至今的武汉渡江节，它塑造了一份关于城市遗产的想象，借助媒体每年对渡江节赛事的转播与报道，追忆并重塑了武汉几代人的集体记忆。

三、城市形象的媒体他塑

上文我们主要讨论的是本地媒体的自我传播，它是建立与打造城市形象的主要来源。不过，大多数本地媒体的传播影响力较为有限，无法完全渗透到其他城市和地区。因而，国家级媒体以及外地媒体对于当地的"他者传播"，也是塑造城市形象的重要手段。有研究表明，组织国内外媒体开展有利于自己城市的传播活动，效果要好于本地媒体的自我传播，但是也比城市形象自我塑造的难度更大（叶晓滨，2012：48）。本章接下来将从框架理论入手，诠释"他者传播"中蕴含的报道框架，并分析城市形象媒体他塑的不同表现形式。

（一）框架理论与报道偏见

在国内，传统媒体对于本地新闻的报道往往采取正面宣传的口径，而对于其他地方的新闻事件则会遵循不同的报道框架。这里所说的报道框架来源于戈夫曼（Goffman，1974：21）的框架分析（framing analysis），它被定义为人们用来认识和解释社会生活经验的认知结构，它"能够使它的使用者定位、感知、确定和标记那些无穷无尽的具体事实"。框架并不是固定不变的，而是处在永不停止的运动之中，而且对于不同的主体，框架的表现形式也并不相同。潘忠党等人将框架分析解释为两个宽泛的基础，即社会层面的建构话语的策略以及心理层面的心灵内在结构（Pan & Kosicki，1993）。

社会层面的表述是基于建构论的立场，吉特林（Gitlin，1980：6-7）发展了戈夫曼的概念，并将框架定义为"关于存在着什么、发生了什么和有什么意义这些问题上进行选择、强调和表现时所使用的准则"。恩特曼（Entman，1993）进一步指出，框架涉及选择与显著性——框架是选择感知现实的某些方面，并使它们在交流文本中更加突出，以促进特定问题的定义、因果解释、所描述事项的评估或对策建议。基于此，城市形象的媒体建构可以理解为媒介使用何种框架来展现城市的过程，框架的选取会令其在报道文本中得到凸显，从而影响现实特定的理解方式。

在媒体框架以外，还存在个人认知层面的受众框架。这一类框架被视为将信息置于独特背景下，以便问题的某些元素能更好分配个人的认知资源。这些所选的元素在影响个人判断或推理方面变得重要。例如，当突出显示"损失"时，个人倾向于冒险。但是，当以"收益"的形式呈现相同的信息时，个人会回避风险（Kahneman & Tversky，2013）。这种解读信息方式的不同可以归因于李普曼（Walter Lippmann）的"固定成见"（stereotype），即我们每一个人都在地球表面的一个小小的部位上生活和工作，在一个圈子里获得信息，只对很少熟悉的事有所了解。我们看到的任何有广泛影响的公众事件，最多只是一个侧面和一个方面（李普曼，1989：50）。

（二）国内媒体的城市形象他塑

城市形象的他塑来源主要为国家级媒体与其他地方媒体。一般而言，可以从两个维度来看待媒体对特定地方的报道模式：数量与性质。其中，数量维度指的是这座城市在新闻媒体上的报道数量和可见度。考察的因素包括一些详细信息，如城市报道或照片的数量、文章出现在哪个版面或哪个部分、文章的大小或报道的长度，等等。城市的管理者希望他们的工作内容能够出现在其他媒体尤其是国家级媒体报道版面的突出位置。

性质维度聚焦的是媒体对于某座城市报道的具体内容，通常包含下列因素：哪些主题最常被报道（犯罪、贫困、社会事件、文化、体育或暴力）；报道中对该城市的描述方式；谁对所涵盖的事件负责；谁被引用，谁是新闻信息的来源；新闻或照片说明的基调是什么。举例来说，美国媒体报道最频繁的地区是纽约市、华盛顿哥伦比亚特区和洛杉矶市，而其他城市容易被忽略。最重要的新闻，尤其是那些涉及政治、文化和经济的新闻，大都来自这三座城市。对小城镇的报道大多仅限于有关灾难、罢工、犯罪或法院的内容，而很少讨论它们的政治、经济和社会状况（Avraham & Ketter，2008：31-34）。

在国内，这种城市形象的他者塑造也表现为类似情况，即大城市能获得国家级媒体更多的关注度。国内学者曾选择《人民日报》图文数据库，对改革开放 40 年来的 12 座城市（北京、上海、广州、深圳、成都、杭州、武汉、沈阳、义乌、三亚、鄂尔多斯、井冈山）的报道进行内容分析，客观反映中国各类城市形象的变迁过程和发展趋势。这 12 座城市主要分为特大型综合城市、较大规模专业化城市、小型特色城市。研究发现，即使在以平衡报道各区域为基础特色的中央机关报上，对一线城市北上广深的报道数量与深度也更加凸显，主要内容聚焦在这些城市自身的地缘或制度优势如何提升城市综合竞争力；对于小型特色城市而言，由于其城市知晓度较低，报道往往是通过强化城市的竞争优势来提升城市的吸引力（徐剑、沈郊，2018：248-252）。

就地方而言，一些媒体基于立场的不同而产生偏见，会给其他城市形象的塑造带来一定的负面影响。李普曼（1989：62）认为其是作为防护手段的固定成见：这些固定的成见包含了它们所附带的感情。它们是我们传统的堡垒，在它们的防卫下，特别是相互竞争的两座城市，各自的地方媒体使用负面性的框架来报道对方的新闻。它们常常以一种讽刺或调侃的方式来评论其负面事件，而对对方的正面新闻或事件采取选择性报道的策略。基于此，最终造成相对"双标"的报道策略，即本地媒体报道本地新闻"报喜不报忧"，而报道竞争城市的新闻"报忧不报喜"。受此影响，国内民众形成的一些较为严重的地域歧视多数都来源于竞争性地方媒体的负面报道。这些地域歧视包括"苏南人"对"苏北人"的歧视，爷们气十足的重庆男人看不起"耙耳朵"的成都男人等。

（三）国际媒体的城市形象他塑

除了本国媒体对于城市的报道以外，国际媒体的声音也越来越重要。讲好中国故事，传播好中国声音，展示真实、立体、全面的中国，是加强我国国际传播能力建设的重要任务。中国城市国际传播是中国国际传播的重要组成部分和实现路径。中国国家形象建构也离不开一个个鲜活的中国城市形象。在浙江大学发布的《2021中国城市国际传播影响力指数报告》中，北京、武汉、上海成为中国内地城市国际传播影响力的前三名。就中国内地省会城市国家传播影响力榜单排名而言，一线城市以及新一线城市占据了榜单的前列。从行政级别看，直辖市、副省级城市整体排名较好，榜单前十的位置被此类城市占据。[①]

从数量上看，该报告较能反映媒体塑造城市形象的普遍规律，即经济社会发达的城市的媒体传播力更强。不过从性质而言，国际媒体与国内媒体对于中国城市的媒体报道框架有着显著的不同，这主要是因为不同国家在意识形态、经济发展规律以及政治制度上的差异性，因此对于城市的描述并不是一个中立的、价值无涉的过程。外国学者曾比较美国报纸对加勒比地区两座城市的报道：哈瓦那（古巴首都）和金斯敦（牙买加首都）。研究发现，因为在美国的地缘政治中不同的意识形态定位，这两个身负同样问题的城市会被"表达"和"解释"得如此迥异（丹尼，2014：473）。这一状况也体现在国际媒体对中国城市的报道之中。例如，英文媒体将澳门建构为全球娱乐博彩集团汇集的枢纽和全球资本投资的目的地；而中文媒体则侧重于建构普通市民在澳门的日常居住、饮食与休闲生活（潘霁，2018）。

这种区别于本地媒体的报道框架不只表现在英文媒体，同样表现在非英文的外国媒体上，这些媒体对于中国城市的报道呈现出固定成见。

[①]　浙江大学：《浙大报告：北京、武汉、香港成中国城市国际传播影响力排名前三》，详情请见：https://baijiahao.baidu.com/s?id=1713605597759797273&wfr=spider&for=pc.

比如，德国的《明镜》周刊在报道北京城市形象时呈现出负面报道倾向，主要表现为对北京城市建设、文化发展以及环境污染的批判（徐剑、董晓伟、袁文瑜，2018）。同样的情形也发生在法国的媒体，这都源于西方媒体抱有的"西方中心主义"的偏见以及"大民族意识"和"大国意识"的傲慢。但这也同时反映出我国地方政府欠缺国际传播策略以及讲好城市故事的跨文化传播内容（曹永荣、杜婧琪、王思雨，2018）。

四、社交媒体与城市媒介事件

早在电视刚刚盛行的年代，美国学者戴扬（Daniel Dayan）和卡茨（Elihu Katz）就提出"媒介事件"，它指的是那些令国人乃至世人屏息驻足的电视直播的历史事件——主要是国家级事件，其素材通常包含"竞赛""征服"和"加冕"三大类（戴扬、卡茨，2000：1）。在当时，以电视为代表的传统媒体掌握了传播的话语权，因此备受关注的往往是拥有更大影响力的国家级媒体。不过，麦夸尔（2013：184）认为，这一类的媒介事件使公共文化被一种向家庭生活和私人领域的普遍撤退所取代。因此，他主张使用大型的电子屏幕以及移动设备实现媒体消费在公共空间中的恢复，这也同时为城市媒介事件的兴起创造了条件。

社交媒体时代，各大城市利用新的传播媒介，策划与制造城市事件来吸引线上的关注度，从而塑造城市形象。网络使城市中任何个体都能成为发声的主体，无论是城市的政府机构，抑或城市里的企业、非政府组织以及普通市民，都可以通过建立社交媒体平台向社会大众发布信息。网络信息传播的去中心化自然给媒介事件的策划带来便利，使城市的媒介事件具有碎片化、多场景与异时空的特征。碎片化是指市民关注的事件并不再集中于电视直播的媒介事件，而是来源于社交媒体不同平台（尤其是短视频或直播平台）基于算法推送而呈现的事件；多场景指的是市民关注媒介事件不需要拘泥于自己的家中或者公共屏幕前，甚至是在城市穿行的移动场景也能实现媒介消费；异时空指的是市民消费媒介事件不仅可以选取在实体空间或虚拟空间，还能实时关注或者事后再来回看，等等。

社交媒体为城市媒介事件的炮制带来了更多的机会与素材，这些媒介事件创造了市民群体围观的通道，基于个体的不同需求实现多数人围观多数人的场景。具体而言，社交媒体主导的城市媒介事件可以分为以下三种：

一是网络文化的嘉年华。它指的是由特定城市主办的围绕网络文化的线下节庆，这些网络文化包括动漫、直播、电子竞技以及网络红人节等。这种线下的节庆能够为线上粉丝与网络偶像（明星）制造实体空间交流的机会，从而继续反哺线上活动。比如，武汉曾打造的斗鱼嘉年华，是主播和粉丝们近距离沟通的平台，吸引了 40 多万游客来到武汉江滩，在线累计观看人次超过 3 亿。嘉年华期间，斗鱼主播们除了在舞台上表演、与粉丝互动外，还通过手机镜头向更多网友展示武汉这座城市的各种小美好，让更多人认识武汉、爱上武汉。

二是城市景观空间的展演。这一部分内容在上两章的论述中都有所提及，它主要是基于城市空间的异态展示来制造城市的媒介事件，无论是灯光投影还是艺术展演，都能为市民与游客获取、定格以及分享城市意象创造素材，从而实现互联网上的口碑传播。比如，"上海城市空间艺术季"充分认识到品牌文化事件对于探索城市更新区域发展前沿问题、扩大城市标志空间与区域品牌的国际影响力、激活空间活力、鼓励公众参与和分享、形成传播热点的复合型作用（李凌燕，2020）。

三是基于企业的城市事件营销。在社交媒体时代，城市里的企业往往能借助城市文化元素来制造事件营销场景，比如西安大唐不夜城的"不倒翁小姐姐"以及长沙的网红餐饮品牌"文和友"与"茶颜悦色"，都是将消费产品或内容与当地的城市文化相结合而生成的实体场景，然后再借由消费者社交媒体的线上分享而引爆网络。此外，2021 年流行的城市主题公园亦采用了相似的模式。北京环球影城的"威震天"以及上海迪士尼乐园的"玲娜贝儿"都是由真人扮演的动物角色，他们通过频繁与游客进行互动以及短视频推送的加成，使景点得到极大的曝光，同时也为所依托的城市带来关注度。

五、武汉军运会的舆情事件分析：案例研究

武汉军运会指的是 2019 年在武汉举办的第七届世界军人运动会，这次军运会是世界军人运动会历史上规模最大、参赛人数最多、影响力最广的一次运动会。同时，这也是武汉首次举办世界综合性运动会。为了探究武汉军运会这一城市事件对于武汉城市形象的影响，本案例采取大数据分析的方式对武汉军运会进行舆情分析。案例采集于 2019 年 11 月 3 日，围绕关键词"武汉 + 军运会"，对 2019 年 10 月 15 日零点到 2019 年 10 月 31 日零点，从新浪微博上采集到的 506 696 条信息进行了深入分析。微博声量最高峰出现在 2019 年 10 月 18 日，当天共有 86 913 篇相关微博言论，图 4-1 为微博数据所形成的词云图。

图 4-1 "武汉军运会"词云图

（一）事件趋势

从图 4-2 可以看出，武汉军运会的时间态势可以分成三个阶段。

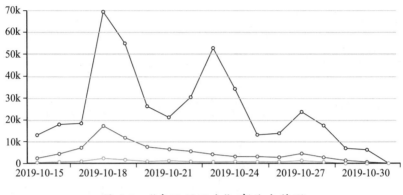

图 4-2 "武汉军运会"事件态势图

第一阶段是 2019 年 10 月 15 日到 2019 年 10 月 18 日，这是武汉军运会的预热阶段。央视新闻、《人民日报》和《中国日报》等官方媒体对开幕式的准备、备战军运会运动员和工作人员的状态以及军运会场馆和后勤保障的准备情况等进行了详细的报道。这一阶段的顶峰是 2019 年 10 月 18 日开幕当天，习近平总书记出席开幕式并宣布运动会开幕成为舆论爆发点。

第二阶段是 2019 年 10 月 19 日到 2019 年 10 月 26 日，这是武汉军运会的举行阶段。从开幕式结束以后，军运会的各项赛事引发了广泛关注。"中国军人像子弹一样快""中国队平均 50 分钟拿一块金牌""中国获军运会羽毛球历史首金""中国代表团金牌数破百""邢雅萍包揽女子跳伞个人项目 6 金"等关于中国战绩的话题引发大量讨论，网民为中国健儿加油的同时高呼身为中国人自豪感满满，认为运动员们辛苦了。其中，10 月 23 日的话题"军运会巴西吴彦祖"引爆全网，这也是当天话题热度再次飙升的原因，仅次于 18 日的开幕式和 19 日的比赛首日，关于这一话题的分析将在后文进行。

第三阶段是 2019 年 10 月 27 日到 2019 年 10 月 30 日，这是武汉军运会的闭幕阶段。10 月 27 日晚，第七届世界军人运动会落下帷幕，该事件也迎来了最后一个小的峰值。中国代表团共获得 133 金 64 银 42 铜，共计 239 枚奖牌，网民认为中国队战绩霸榜的背后是日复一日的辛苦付出，感恩中国军人的付出奉献。媒体评论此次军运会，认为武汉用热情周到的办赛服务，给各国参赛选手留下了深刻的印象，受到各国代表团的好评。

（二）意见领袖

针对"武汉军运会"事件的舆情讨论，其主要的热点信息来源于三类意见领袖：一是以 @ 武汉军运会、@ 央视网体育和 @ 人民日报为代表的官方媒体；二是以 @ 怡宝 和 @ 东风风神为代表的赛事赞助商；三是个人大 V 账号，比如明星 @ 谭维维、时事热点博主 @Tiger 公子以及搞笑博主 @ 休闲璐（见表 4-1）。

表 4-1 "武汉军运会"事件意见领袖影响力排序

序号	昵称	来源	微博数
1	武汉军运会	新浪微博	2118
2	央视网体育	新浪微博	70 843
3	人民日报	新浪微博	106 063
4	Tiger 公子	新浪微博	92 395
5	谭维维	新浪微博	2766
6	东风风神	新浪微博	25 033
7	怡宝	新浪微博	4750
8	M 大王叫我来巡山	新浪微博	56 431
9	休闲璐	新浪微博	12 835

在整个军运会舆情传播中，官方微博起到了中流砥柱的作用。@ 央视新闻、@ 人民日报以及 @ 新华网等官方媒体全程报道了赛事的

全貌。比如开幕式上，@ 人民日报以"世界军运会开幕式"为话题发布预告："#2019 世界军运会 # 将在武汉体育中心举行。本届开幕式采用国内首创、世界最大全三维立体式舞台，在视觉上呈现立体多维效果，完成 360 度全景式、立体式空间表演。@ 人民日报带你看现场！转发关注！"与此同时，@ 澎湃新闻以"军运会开幕式"为话题发布了"习近平出席第七届世界军人运动会开幕式并宣布开幕"的信息。这些开幕式热点信息都获得了大量转发。除此之外，官方微博还对赛事进行了实时报道，"中国代表团军运会首金""八一女排不敌巴西""兵哥哥应援的样子"等也引起了网民的热议。

表 4-1 所示有影响力的企业微博为武汉军运会的赞助商，它们通过微博营销的方式来发布有关赛事的信息。例如，@ 怡宝在军运会还没开始前就发布相关的预热微博。由于这是军运会首次在中国举行，@ 怡宝在开幕前以"共享荣耀怡刻"为话题，连续发布"怡宝军运小课堂"，介绍军运会的一些比赛项目及其竞赛规则（如实用游泳、现代五项、海军五项、水上救生、军人体操竞技等）。企业借助与网民互动的形式培养了群众基础，与国内军体爱好者建立联系。而 @ 东风风神作为武汉本地企业，发动网民以"智豪向前为军运会打 call"为话题发布军运会元素的微博，从而让观众赢取军运会乒乓球决赛门票。

"武汉军运会"事件中，涉及的有影响力的个人大 V 主要由两方面组成。一是以谭维维为代表的明星大 V。作为军运会开幕式主题曲的演唱者，谭维维在结束开幕式表演后贴出演出后台的合照，并发微博称"非常荣幸参加第七届世界军人运动会，能演唱主题曲《和平的薪火》很自豪"。另一类则是其他领域的微博大 V，他们通过转发军运会赛事期间有趣的信息，使赛事本身的传播从文体领域延伸到网民的日常生活。

整体而言，军运会期间的舆情传播主要是由以上三类"意见领袖"所主导的单向关系，中心节点与普通节点的差异明显，信息的中心节点在网络中数量较少但拥有很大的传播影响力，在信息资源等方面也具有绝对领先的优势。除此之外，大部分的普通网民对于武汉军运会只是围观而不是参与其中，官方媒体与网民的关系也只是信息的传播与获取。相较而言，此次军运会舆情传播中，来自大众的网络红人以及专家学者的参与度较低。

（三）军运会舆情中的武汉意象

正如本章开头所说，大规模城市事件尤其是大型体育赛事的举办，是刺激城市经济、完善基础设施以及提升城市形象的重要契机。本次军运会也不例外，武汉凭借独特的地理条件以及承办国际大型体育赛事的能力，开创了一座城市举办所有军运会项目的盛举。总体而言，持续半个月的军运舆情事件中彰显的武汉意象表现在三个方面：

其一是央媒对武汉意象的报道。在军运会开幕前的火炬传递中，央视新闻对军运会火炬在武汉市内的传递进行了直播，让网友能够通过镜头了解武汉的城市风貌。在开幕式的转播中，硕大的篆体"武"字被分为"止""戈"两部分之后，又化为"和""合"二字，这一巧妙设计将"止戈为武"的军事理念和"以和为贵"的传统思想完美地表达了出来。这种一语双关的表现手法，既凸显了军运会的和平理念，又展现了武汉的本地特色。对于武汉意象的呈现还体现在央视主播的口播中，央视主播李梓萌在评价军运会的开幕式以及比赛时，使用了武汉话"不服周"来彰显中国军人的竞技精神。

其二是围绕军运会吉祥物兵兵的话题讨论。"兵兵"是第七届世界军人运动会吉祥物的名称，以被誉为"水中大熊猫"的中国一级重点野生保护动物中华鲟为原型设计。中华鲟主要生活在长江流域，表明了武汉作为东道主的身份，同时也显示了国家对于武汉长江流域生态保护的定位。在奥运会开幕前一天，官方发布了兵兵的表情包，鼓励用户转发下载使用，收获了不少关注度（见图4-3）。而在开幕式上，摇头晃脑的

"兵兵"憨态可掬、活泼可爱，给观众留下了深刻的印象。尤其是主题曲表演时，一位"兵兵"的头套掉了，瞬间吸引全网目光。"兵兵头套掉了"的话题也冲上了微博热搜，引起了网民的广泛评论。本地媒体《长江日报》将开幕式上掉头套的"兵兵"扮演者请到了直播间，进一步延续了相关话题的热度。

图 4-3 "人民日报"微博发布"军运会吉祥物兵兵表情包"话题

其三是采访外国运动员，了解他们眼中的武汉。在军运会期间所发布的所有微博中，转发量最高的既不是开幕式的精彩表演，又不是赛事中的激烈竞技，而是一条关于巴西运动员的微博。这位巴西体操运动员亚瑟·诺里因为长相酷似知名影星吴彦祖，因此得名"军运会巴西吴彦祖"。而这一词条，也在短时间内迅速发酵，单条微博最高转发量超过 3.5 万，微博相关话题的浏览量超过 1 亿次，讨论量超过 4 万次。《中国日报》的记者对他进行了视频采访，他表示这是他第二次来中国，也是第一次来武汉。当被问及对于武汉的感受时，他连用三个"amazing"（太棒了）来形容，并认为这座城市非常宏伟大气，武汉市民都非常热情和友善，大家脸上都挂满了笑容（见图 4-4）。

@武汉军运会 ✔

#武汉军运会# 【#军运会巴西吴彦祖#? 醉倒在这位巴西兵哥哥的笑容里】兵兵在赛场逮到一枚"巴西吴彦祖",这位兵哥哥是不是超帅? 兵哥哥说武汉给他的感觉是"Amazing! (太棒了!) Amazing! Amazing! "。这个颜值,这个笑容,兵兵也想说: Amazing! Amazing! Amazing! via@中国日报
展开∨

2019年10月23日 09:59 来自 微博视频　　　⬈ 29342　💬 54　👍 43230

图 4-4　武汉军运会微博发布"军运会巴西吴彦祖"话题

六、本章小结

随着城市竞争日益激烈,实施重大事件营销已经成为提升城市影响力的有力手段。城市通过举办奥运会或世博会等大型活动,可以实现完善基础设施和重塑城市形象的目的。大众媒体作为塑造城市形象的重要机构,通过新闻报道来影响公众对于一座城市的总体印象和评价。地方媒体通过自我传播来塑造城市的良好形象。地方政府机构主动通过新媒体发布信息,而传统媒体借助媒介融合的形式报道城市新闻。在城市事件营销过程中,本地媒体扮演着宣传主力的重要角色。

与此同时,国家级媒体和外地媒体的"他者传播"从外部塑造当地的城市形象。相比于本地媒体的正面宣传口径,外地媒体在报道当地新闻事件时,会遵循不同的报道框架。国家级媒体一般会将更多的关注度放在大城市上,而地方媒体在报道他者事件时,有可能会基于偏见的立场而给其他城市形象带来负面影响。相对而言，外国媒体在报道中国城市时，也会基于意识形态而采取较为负面的报道框架。

新时期，各大城市利用社交媒体策划与制造城市事件，从而吸引更多的网民关注度，提升城市影响力。社交媒体主导的城市媒介事件可以分为三种类型：一是网络文化的嘉年华；二是城市景观空间的展演；三是基于企业的城市事件营销。本章还对 2019 年武汉军运会期间的微博舆情进行分析。在时间态势上，舆论声量从前期预热到最高峰的开幕式，并随着赛事的进行而波动向下。赛事期间，微博舆情热点信息主要来源于三类意见领袖：以央视和《人民日报》为代表的官方媒体微博；以怡宝和东风汽车为代表的赛事赞助商微博；以明星和网络推手为代表的个人大 V。武汉借助军运会的赛事热点传播城市形象，具体表现为中央媒体对于武汉意象元素的报道、围绕军运会吉祥物兵兵的话题讨论以及采访外国运动员，了解他们眼中的武汉。综上所述，我们可以归纳出本章有关城市形象提升路径的建议：

——打造本地城市的全媒体传播体系，重视社交媒体平台的账号运营与内容传播。

——加强同其他城市兄弟媒体的互动与合作，消除他者报道中的刻板成见。

——利用社交网络的话题度，打造碎片化的城市意象，激发人们对特定城市形象的凝视和遐想。

——开设城市对外传播的社交账号，向海外公众传播中国城市故事。

——积极举办国际赛事和会展活动，借力国家级媒体传播城市形象。

——开展大型城市活动的事件营销，挖掘城市个性化内容引爆社交媒体。

——借助当地留学生或外国友人视角，用社交媒体记录城市日常生活，塑造良好海外形象。

第五章
危机传播与城市形象

　　上一章主要讨论的是本地或外地媒体对于某座城市常态化的媒体建构，这种建构一般是基于当地政府和组织所设置的城市事件议题，借由媒体的报道以及社交网络的扩散而达到提升城市影响力的目的。不过，通过新闻业打造城市品牌是一个高度政治化和集中化的过程，这使得它在城市一级的发展中很脆弱（Xu et al., 2021）。并不是所有的事件都能在议题设定者的掌控之中，有些突发的公共危机事件可能使城市长时间建构的良好形象毁于一旦。

　　相对于常态化的城市形象的塑造，危机时期的传播矫正对城市形象的影响更大。当城市形象混乱不明时，需要重新塑造和传播形象；当城市形象出现负向偏差时，则需要矫正已有的负面形象。因此，本章将从城市的公共危机角度出发，探究社交媒体时代的公共危机如何影响城市形象，以及城市该如何开展数字化的危机传播管理。

一、公共危机与城市负面形象

　　随着人类实践活动越来越频繁，人们的生产与生活方式日益复杂化，其决策与行为对于自然和人类社会本身的影响力越来越大，因此现代社会常常处于怀疑与信任、安全与危机的二元对立之中，人们需要在其中不断反思与调适。换句话说，每一个人都时刻处在危机之中，历史都是因为在与危机的博弈中取得优势地位而向前推进的。赫尔曼（Hermann, 1972）将危机看作一种形势，形势的发生出乎决策者的意料，决策者的根本目标受到威胁，做出反应的时间有限。库姆斯（Coombs, 2009）认为，危机可被视作那些威胁利益相关者期望的看法，并可能成为影响组织表现的事件，它在很大程度上是感性的。危机具有不确定性、紧迫性、威胁性和破坏性，国内学者胡百精（2014：3）将危机理解为一种特殊状态、结构，而非单纯的冲突性事件。

对于城市而言，公共危机的发生会影响到城市的组织运行以及沟通交往。格莱瑟（Glaesser, 2006:14）将这种危机看作一个不受欢迎的、非同寻常的、出乎意料的、时间有限的过程，具有矛盾发展的可能性。当危机诞生时，它需要城市立即做出决定和采取对策，以便再次对城市的进一步发展产生积极影响，并尽可能限制负面后果。因为公共危机所带来的负面事件会威胁、削弱或破坏城市的竞争优势或重要目标。

公共危机也分不同种类，有外国学者曾提出需要应对的五种典型危机事件：抢劫、强奸、谋杀、绑架等与犯罪有关的事件；公共场所爆炸、劫机等与恐怖有关的事件；暴力示威、起义、暴乱等政治动荡事件；地震、森林火灾、极热 / 寒潮、飓风或海啸等自然灾害事件；非典、艾滋病或口蹄疫等公共卫生相关事件（Mansfeld & Pizam, 2006)。就城市的具体特质来说，我们可以将城市的公共危机分为以下几类：

（1）环境灾害事件。环境灾害事件主要是气候、地质或水文等异常状况给城市带来的危机事件（如台风、沙尘暴、地震和洪灾等）。2005年发生在新奥尔良市的卡特里娜飓风造成大约 50 万人大规模流离失所，这一危机向全世界展示了新奥尔良长期存在的阶级和种族差异以及城市问题。虽然不能将自然灾害发生归咎于当地政府，但是如果城市管理者无法迅速将形势恢复到正常状态，那就应该受到谴责。

（2）社会安全事件。如果说环境灾害事件属于天灾，那么社会安全事件就属于人祸。城市内部发生的重大交通事故、爆炸案以及枪杀和抢劫事件等都属于这一类别，它和城市的社会治安水平息息相关。近几年，不少中国留学生在美国芝加哥遭受枪击事件，这也给芝加哥带来了"枪击之城"的称号。2020年，芝加哥的致命枪击案接近700件，这意味着在这座城市平均每天都会发生2起致命枪击案。

（3）公众社会事件。公众社会事件主要是指发生在城市市民间的社会纠纷及以此而形成的公共舆情事件。这类事件主要表现在两个层面：一是本地人与外地人的冲突。它较常发生于外地人在当地旅游过程中遭受到的歧视或欺骗，如2015年的"青岛大虾"事件以及2017年年底的"雪乡宰客"事件等。另一类则是发生在城市内部不同阶层群体间的事件，如地方政府与小区居民间的矛盾所造成的邻避运动，这一类事件可能会引发线上与线下联动的群体性事件。

（4）公共卫生事件。公共卫生事件主要是传染病疫情或者食品安全等造成的严重损害社会公众健康的事件。其中，因新型病毒引发的疫情由于其传染性强、传播速度快、传播范围广、持续时间长、舆情事件高发以及伴随污名化等特征，使其显著区别于普通的公共危机事件。

公共危机不仅对城市组织系统造成伤害，其传播过程中所引起的公共舆论也会给城市形象带来负面影响。公共危机的蔓延伴随着新闻媒体的报道及其信息的传播扩散，因为公众更愿意去观看、阅读和批评那些危害人类社会、地方、机构以及个人的信息。正如莎士比亚所说：人们做了恶事，死后免不了遭人唾骂，可是他们所做的善事，往往随着他们的尸骨一齐入土。因此，媒体的报道贯穿了危机传播的始终，它们报道危机主要分为四个阶段：一是报道突发新闻，旨在造成令人震惊的或深刻的影响；二是开始于具体的细节信息逐渐明朗之时；三是分析危机及其后果；四是对危机的评估评价（班克斯，2013：34）。

城市管理者如何在危机事件的前期、中期和后期去实现与受众之间的沟通对话，是降低城市形象损害以及修复城市形象的关键问题。受危机笼罩的城市，其管理者遇到的根本问题是如何应对破坏、痛苦与苦难的地方形象在公众间的传播。正如上面提到的卡特里娜飓风对于新奥尔良的破坏，需要城市管理者重塑旅游目的地的形象，重新吸引游客光临。因此，面对公共危机造成的负面新闻时，城市决策者必须不断问自己，负面事件会不会成为损害其地方形象的导火索，或者它们是否面临形象危机。另一个关键问题是城市营销人员需要在什么时候开始管理危机以及他们如何防止潜在的损害（Avraham & Ketter，2008：79）。

二、社交媒体时代公共危机特征

上文我们讨论的是公共危机的定义以及城市公共危机的类型。不过进入 21 世纪以来，互联网介入公共危机之中，放大了各种风险要素，重构了利益关系与价值秩序，同时也加剧了具体危机事件的多变性和复杂性。移动互联网嵌入媒体的信息传播以及人们日常沟通之中，一方面助推了风险和危机日益常态化与公共化的客观趋势，另一方面也使客观趋势转化为人们对风险社会日益敏感的主观想象（胡百精，2016）。国外已有许多研究聚焦社交媒体如何融入危机传播。相比于传统媒体，公众认为社交媒体对危机报道的可信度更高（Sweetser & Metzgar，2007）；对于公众而言，社交媒体能够使公众联结、共享信息并解决问题，并在危机后提供情感支持（Choi & Lin，2009）。

有美国学者针对当时社交媒体的兴起，提出了社会化—中介危机传播模型（见图 5-1）。当机构出现危机时，需要考虑危机传播管理的五要素内容：弄清危机的来源、界定危机的类型、筛选沟通的组织、确定消息发布的策略以及形式。机构会将这些内容传递给官方社交媒体、传统媒体以及社交媒体用户。这些危机信息的内容既会在线上进行传播，又会在用户之间形成线下的口碑传播（灰色图标包含线下）。这一模型描述了经历危机的机构如何通过社交媒体、传统媒体和线下口碑传播：

①有影响力的社交媒体创作者（即互联网意见领袖）会创作危机信息供他人消费；②社交媒体的追随者消费意见领袖发布的内容；③社交媒体的不活跃者可能在与社交媒体创作者或追随者进行线下交往时，通过口碑传播获取危机信息（Liu et al.，2013）。

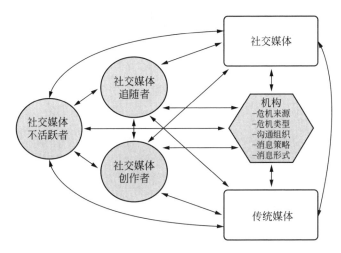

图 5-1　社会化—中介危机传播模型

基于这一模型，我们可以发现社交媒体时代的危机传播具备如下特征：

（一）信源的去中心化

在传统时代，公众获得危机传播信息的渠道较为单一，当危机发生时，机构只需笼络大众传播媒体进行正面发声就可化险为夷。但新媒体的介入使传统受众变成了可生产信息的用户，它加剧了现代性的秩序危机，将现代社会推向了失序的格局，同时也带来了虚无主义困境。正如简·梵·迪克（Dijk J.V.）所说："数字化导致模拟源的技术分裂转变为比特和字节，这使得这些源头的内容无限制地分裂。多媒体设备带来的数字化和模拟源的加工已经在文化上呈现了一种支离破碎的效果。"（迪克，2014：208）这种去中心化的结构不仅使危机信息的来源去中心化，

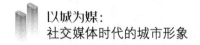

还使危机舆情的呈现更加趋于碎片化。

在公共危机的传播过程中，移动互联网已经成为信息发布、扩散以及网民表达的主要阵地。公众对于风险和危机的感知已经越来越依赖于社交媒体上的社会信息，这些信息甚至可以重塑人对风险的主体意识。互联网的碎片化分享，使危机的负面信息或是谣言不胫而走，甚至会左右公众的判断，并且倾向于质疑机构的信息发布以及主流媒体的议程设置。这使得地方政府不得不加强对网络舆论的正面引导，有些地方甚至会采取删帖等方式来化解舆情危机。换句话说，公共危机蔓延时，信息供需会出现失衡的情况，因此会产生大量负面性谣言，加剧社会恐慌。可见，危机情境的社会表征主要由负面的舆论信息所塑造（文宏，2021）。

（二）传播速度的瞬时性

在大众传播兴起以前，人类的传播速度取决于交通技术的运输速度，人类的日常交流是借助交通运输跨越物理距离而实现的面对面沟通。在电报产生以前，人类远距离的信息传输是借助交通工具运送信件、报纸和书籍来实现的。因此，当时的思想交通与物理交通是相互重合的。彼德斯在讨论"交流"一词时，认为其过去是表达所有种类的物质传输或迁移，如今它表达的是跨时空的准物质连接。尽管有距离或表现形式的障碍，但借助电的力量，交流还是能够发生（彼德斯，2003：5）。而移动互联网的发展引发了流动的空间以及无时间的时间，危机事件一旦发生，其信息能迅速化身为"比特"传到千家万户。与传统媒体相比，社交媒体消息包含用户观点并能实时报道事件。使用社交媒体，可以捕捉用户之间稍纵即逝的交流，信息传播不再受时间和地点的限制。在使用复杂网络分析的危机事件研究中，基于对网络结构的解读和社群监测，构建危机事件的社交网络已成为分析事件演化特征的主流（Dou et al.，2020）。

传统的危机公关素有"黄金 48 小时"的说法，但新媒体的实时信息发布、转载和分享迫使机构的回应速度变成以小时、分钟来计算。这不仅要求机构要第一时间作出回应，尽可能让公众了解真相，并且对危机发生的成因抱有理解。当重大突发事件发生时，若涉事政府或企业应对措施符合公众期待时，网络情绪会呈现正面倾向；若应对不力，容易导致虚假或恐怖信息迅速蔓延，事件相关人会很容易产生恐惧、焦虑或紧张等情绪，在网络上形成群体舆论性心理恐慌。一旦信息蔓延的速度超过了机构的回应速度，其后续的危机补救措施很难阻挡网民的线上非理性行为，而且还极易形成网络的次生舆情。

（三）舆论生成的竞合属性

根据图 5-1 可以发现，危机传播过程中存在着两组关系，官方社交媒体和传统媒体以及社交媒体创作者和追随者。这两组关系并不具有相对稳定的一致性或异质性，而是根据机构的危机管理以及各方观点发布情况而产生随机的竞合关系，即媒体和用户可以观点一致，也可以观点背离。当危机事件发生时，机构借助传统媒体和社交媒体发布信息，而网络意见领袖也可以非常便捷地发表自己对事件的看法和态度，随着大量用户支持或维护意见领袖的观点，形成了针对该危机事件的网络舆情。不过，不同的意见领袖可能会表达截然不同的看法，其社交媒体的追随者也会随着观点的交锋而站队。其中，粉丝出于维护关系或相似的价值观会符合该态度，在评论中表达相似的观点。这样就使意见领袖在舆情事件中不仅起到了信息传播的作用，同时拥有引导意见走向的能力，其影响力也会随着粉丝的增多而变大（赖胜强、唐雪梅，2020）。

在传统媒体时代，公共危机的真相往往掌握在官方机构、权威媒体以及专业精英手中，不同人群之间的信息资源并不均衡。移动互联网突破了时空的阻隔，使精英与草根可以在公开的舆论场展开观点的交锋。比如，达尔伯格（Dahlberg，2007）宣称："互联网帮助边缘群体——曾

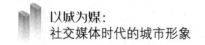

经被排除在公共领域的主流话语之外的人们，发展了属于自己的各种协商平台、联系方式，并与宰制性的意义和实践相竞争。"这种思想与观念的竞争甚至从线上蔓延到线下，借助社交媒体形成了"分享信息—建立关系—发起行动"的动员和组织机制，这在国内外不少活动中都有体现（胡百精，2016）。

三、网络危机传播对城市形象的影响

公共危机在网络上的发酵与蔓延，不仅对公共危机事件本身的亲历者造成伤害，还会引发次生的网络舆情，从而影响到更广泛网民的态度与情绪。就城市而言，这些次生的网络舆情往往会对城市涉事机构造成危机，但与传统危机对机构组织运行或运营带来阻碍不同，这种负面的舆情蔓延更多体现在对城市形象的损害上。只要网民普遍针对危机涉事的城市及其机构开展负面评价，城市正面形象就会受到冲击。

（一）冲击城市常态化地域符号

一座城市的形象是建立在具有显著标识性的地域符号之上的，它一方面能够展示城市的秩序和稳定，另一方面也能作为符号要素参与到城市形象的生产与传播之中，从而确立外地人对于一座城市的理解与想象。不过，网络环境下的危机事件可能会直接消解和冲撞城市长期经营的正面形象，同时也改变了传统议题设置式的城市传播模式。相比于一座城市常态化建构的地域符号，公共危机事件在互联网的发酵可以在瞬间形成强大的声势，极大地撼动城市管理者以及地方媒体在城市形象传播主体结构中的地位和作用（范晨虹、谭宇菲，2019）。

网民针对公共危机的评论往往会将单一事件延伸到对于城市的指责，并用城市名来重新命名事件的名称。可以发现，这种对于城市的指

责与谩骂，不可避免地会让城市的正面形象在少数外地非理性网民的
"地图炮"中沦陷。地理空间是媒体建构公共危机叙事的主要元素之一，
而使用地理区位符号指代某一负面舆情事件，会使这一不良记忆长时间
存在于网民的脑海之中。例如，2015年发生在青岛的宰客事件，使青
岛与"大虾"这个词长时间勾连在一起。当时，外地游客在青岛的一家
餐馆点了一份大虾，点餐时菜单上标价38元，结账时却被告之按每只
虾38元的价格收费。当地政府部门的推诿使这一事件在网上迅速发酵，
各路媒体也纷纷跟进。最终，"青岛大虾"事件使山东省长时间营造的"好
客山东"品牌毁于一旦，也给青岛的旅游形象带来了重创。

　　网民对于危机舆情的评论并不只是就事论事，人们会联系自身或他
人经历而重新审视事件场景，网民自发的观点会不断强化舆情事件。虽
然大多数参与讨论的行为主体并不在场，但远距离的符号化"故事""情
感"和"评论"以及不断叠加的"素材"均糅合进入一个简单的地域符
号之中，并通过符号化参与、交流、博弈、协商与妥协，大范围、高热度、
高频度的重复，促成带有负面偏向的城市形象"刻板认知"的形成（范
晨虹、谭宇菲，2019）。比如，2021年8月发生在西安地铁的保安拖拽
女子事件，其视频上传到网络后引起了全国网民的激愤，不少网民把个
体事件与西安的地域特征相结合。"毕竟'扒'朝古都，不想去西安玩
了""周围人很冷漠，以后谁还去西安""毕竟是'假兵马俑'堂而皇之
出现的地方""十三朝古都怎么会沦落成莽荒之地"等评论使西安城市
形象陷入危机。

（二）滋生网络谣言与城市污名

　　当公共危机在网络发酵时，信息的多元化和复杂性难以形成相对
一致的舆论，如果这时城市管理者应对不力，容易给各种伪信息（尤其
是谣言）的传播提供可乘之机，从而使城市的正面形象受到危害。正如
韩炳哲（Byung-Chul Han）所说："数字交流的方式不仅如幽灵般鬼祟，

也如病毒般扩散，因为它直接在情感或情绪层面上进行，因此具有传染性。"（韩炳哲，2019：82）社交媒体可以快速传递信息，并且省略了传统媒体中专业记者与编辑的把关过程。网民在传播错误信息的时候，不会有任何人来阻碍他们，这些信息可以在短时间传递给全世界的用户。这使谣言传播的成本降低，而辟谣的成本则大幅度提高。

奥尔波特（2003：12）曾用一个公式来定义谣言，即谣言 =（事件的）重要性 ×（事件的）模糊性。由此可以看出，那些真相不明且受众关心的议题，很容易成为滋生谣言的温床。在所有的公共危机中，公共卫生事件是最容易生成谣言的类型之一。与其他公共危机不同，突发性的公共卫生事件没有固定的影响人群和地区，其发端缘由难以短时间弄清，而其传播范围和速度更是难以预测，因此容易引起社会恐慌。

公共卫生谣言的散布，极易引起当地的污名现象。戈夫曼(Goffman，1967）在对日常生活的污名现象研究中提出污名化（stigma）概念，即因与污名者直接接触或共享某种关系而导致身份受损。例如，2020年初新冠疫情刚暴发时，网上流传了一名女子喝蝙蝠汤的视频，并配文"吃蝙蝠而导致新冠的人找到了"。后来证明这段视频是2016年一位导游和她的团队在太平洋小岛录制旅游节目，并且尝试当地特色的蝙蝠汤。但类似的这一系列谣言，使网民将矛头指向"吃野味的武汉人"。这种特殊时期信息沟通不畅的状况，很容易消解城市形象的传播力度，引发城市与市民的污名化。

（三）削弱本地市民的地方认同

正如本书开头所倡导的，城市形象传播并不只是为了提高城市在外地人心目中的声誉，也是为了增强本地市民的地方认同感。在传统的公共危机事件中，城市形象的话语权往往掌握在权威机构，经过官方媒体公开发布的内容可以影响危机传播的走向。因此，即使本地市民是危机事件的涉及对象，也很难发出民间的声音。而新媒体根据身份和诉求的趋同性、严密性和稳定性的程度将分散的话语重新集结，它使公共危机引发的舆情不再只涉及个体，而是形成与群体意见和城市形象权威建构之间的话语博弈和争夺（范晨虹、谭宇菲，2019）。例如，2019 年上海发布实施《上海市生活垃圾管理条例》，引发了民间支持与反对的两种声音，甚至为科普垃圾分类常识，本地网民以恶搞的形式来推广"干垃圾"和"湿垃圾"的区别。

在网络环境中，本地市民的社会情绪可以互相感染融合，从而给城市制造舆论危机。对于市民而言，日常生活中的各种焦虑情绪，往往会借助突发事件而得到点燃或宣泄。突发事件会激发和放大人们的焦虑情绪，使他们在危机传播中形成代入感，然后联系到自己有可能成为事件受害者，这种危机感极易通过社交媒体形成共生情绪（蒋瑛，2020：91）。2019 年 5 月，深圳一所民办学校被发现有学生从衡水中学"移民"到深圳参加高考。这起事件激起了深圳市家长们对于教育公平的担忧，一时间引发了网民热议，直接推动了广东省教育厅开展治理"高考移民"和"人籍分离"的问题。可以发现，互联网共生情绪既可以成为危机传播发生的"催化剂"，又可能成为进一步扩散的"助燃剂"。

四、城市形象的数字化危机治理

针对网络危机传播对于城市形象的影响，城市需要采取相应的措施来应对危机传播所带来的直接伤害及衍生舆情。这就要求城市管理者既要注重危机问题的解决，又要重视城市形象的修复；既要注重解决整体的危机事件，又要能够处理单个的舆情危机。新型数字化的嵌入是传统科层制危机管理的补充，它有利于利用工具理性将治理的复杂问题简化，实现数字化治理与危机治理体系的互构（曾智洪、游晨、陈煜超，2021）。具体而言，可以采取事实—价值的逻辑来开展治理，因为

"事实与价值两分法是现代道德哲学与政治哲学的根本前提"（普特南，2006：197）。通过借鉴胡百精（2014：91）的危机传播"事实—价值"模型，本章从数字化角度入手，提出城市形象的数字化危机治理模型（见图5-2），主张多元主体在事实维度和价值维度进行数字交往，从而重塑城市良好形象。

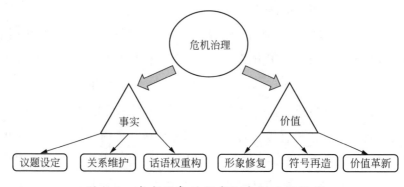

图 5-2　城市形象的数字化危机治理模型

（一）事实之维

（1）议题设定。议题设定是指当危机发生后，城市管理者要迅速设置危机议题的回应内容，并组织和协调好危机发展周期的传播过程和行为，它是公共关系和危机公关的基本职能。正如前文所说，新媒体使机构的回应速度以小时和分钟来计算，城市需要利用"黄金四小时"，在第一时间做出有效和针对性的反应，降低危机事件对地域认知和评价的关联。及时向公众告知信息，是多元主体展开沟通和对话的前提。因此在进行官方表达或新闻发布时，要做到事实准确、数字精准以及表达理性。具体措施包括官方微博或公众号发声、媒体采访短视频以及网络直播发布会等。

（2）关系维护。社交媒体不仅向大众传递信息，还能建立或重构大众之间的社会关系，使之成为临时或稳定的利益共同体。除议题设定以外，城市的危机治理还要处理好两种关系：一是要处理好利益相关者因危机受损的利益关系；二是借助数字媒介实现与公众的积极、有效互动。面对网络危机，要建立跨部门协同及信息沟通机制，形成高效的跨区域、跨行业的协调联动机制，并保障信息流动（赵发珍、王超、曲宗希，2020）。因此，城市管理者一方面要加强与国内外新闻媒体和公共机构的合作；另一方面要加强与网络意见领袖或第三方的沟通联系，积极引导舆论和网民情绪。

（3）话语权重构。福柯（Michel Foucault）认为，话语权即权力。无论是人与人的日常言语交往，还是"恋爱的、制度的或经济的关系，一个人总是想方设法操纵另一个人的行为，因而权力都始终在场"（莫伟民，2005：216）。在各种不确定性叠加的应对期，网民可以无差别地在网上发声，各种负面情绪有可能在赛博空间无序释放，从而给波及城市造成破坏性后果。因此，城市管理者要重构话语秩序，有效切割不同舆论场的信息流通和舆情互动。对于已经形成的舆情危机，应采取统一口径的官方回应，必要时启动权力机关立案彻查，并向大众公布调查结果。

（二）价值之维

（1）形象修复。在如今后真相社会中，公众如何看待这座城市比这座城市如何处理危机的事实更为重要。城市管理者在解决危机事件本身的问题之后，更应该关注后期形象修复议题。因为危机可能引发城市结构、组织关系以及价值理念的转变，给城市的转型和升级创造条件。城市形象可看作一个动态和复杂的认知系统，公共危机的发生不能改变城市形象已经造成危机的事实，但是可以改变看待危机的视角。城市管理者可以通过对危机涉事对象进行必要和及时的补偿措施等方式，缓解公众和网民的负面情绪，从而改变公众对于城市及管理者的负面态度。这也为后续重建良好的城市形象打下坚实的基础。

（2）符号再造。前文已经表明，网络公共危机会冲击城市常态化

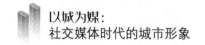

的地域符号，使一座城市长时间打造的独异性符号化为泡影。因此，地方政府应该利用危机带来的巨大关注度重新打造独特的城市品牌符号，通过传播政府及相关部门在危机中的积极作为、勇挑重担的行动，为城市形象注入新的内容。另外，市民面对公共危机时表现出的精神状态和行为举动也会直接影响外界对该城市的评价和印象，故而符号再造时也要展示不同人群的形象（范红、黄丽丽，2020）。当城市面临自然灾害时，可以将灾民的苦难叙事转移到普罗大众的生命意识、奉献精神以及公共理性上来，建构出新的城市符号，如 2020 初新冠疫情抗击取得阶段性胜利后，中央将武汉及其市民称为"英雄城市"和"英雄的人民"。

（3）价值革新。当公共危机事件侵蚀后，城市常常面临价值危机，即信任的透支和意义的消逝，因此价值革新是城市数字化危机治理最后也是最主要的一个步骤。它主要表现为借危机带来的契机，城市可以解决政治、经济和文化发展中的一些顽疾和敏感问题——人们开始理性对峙、公开讨论这些问题的存在，并在事件中探求问题的根源和可能的解决途径（胡百精，2014：191）。这种对于危机影响的反思、记录与书写，能够生成专属于某座城市的集体记忆。正如哈布瓦赫（2002：82）所说："我们保存着对自己生活的各个时期的记忆，这些记忆不停地再现；通过它们，就像是通过一种连续的关系，我们的认同感得以终生长存。"正是这些不同的集体记忆被记录下来，城市的精神和价值才得以延续。

五、公共卫生事件中武汉涉疫舆情及形象重塑：案例分析

2019 年 12 月底，湖北省武汉市部分医院陆续发现了多例有华南海鲜市场暴露史的不明原因肺炎病例，已证实为 2019 新型冠状病毒感染引起的急性呼吸道传染病，简称为"新型冠状病毒肺炎"（COVID-19）。

2020 年 1 月 30 日，世界卫生组织（WHO）将新型冠状病毒肺炎（以下简称"新冠肺炎"）疫情列为国际关注的突发公共卫生事件，这意味着新冠肺炎事件已经演变成全球性的公共卫生事件。疫情发生后，习近平总书记做出重要指示，提出要全力做好防控工作，全力救治患者，及时发布疫情信息，加强舆论引导。[①]

直到 2021 年，新冠肺炎疫情仍然在全球范围内流行与传播，而武汉也在疫情蔓延时受到全国乃至全世界人民的关注，部分负面舆情对武汉市的城市形象造成了损害。重大突发公共卫生事件的发生会打破城市形象的传统塑造，甚至会给城市和国家带来毁灭性的打击。本节借助新浪微博官方数据应用"微数据"平台，于 2020 年 3 月 24 日通过平台采集 2019 年 12 月 30 日至 2020 年 3 月 19 日全网共 350 多万条信息，探讨新冠疫情时期有关武汉的舆情态势，分析该时期负面舆情对于武汉城市形象的影响以及如何重新塑造武汉城市形象的问题。

（一）武汉涉疫舆情的数据量阶段分布

通过大数据平台分析 2019 年 12 月 30 日至 2020 年 3 月 19 日全网共 350 多万条信息数据发现，武汉地区涉疫舆情可以分为三个阶段：（一）潜伏期（2019 年 12 月 30 日—2020 年 1 月 20 日）。主要表现为武汉公布"不明原因肺炎"救治通知后，网民以及媒体在没有官方详细公告下所形成的舆论。（二）暴发期（2020 年 1 月 20 日—2020 年 2 月 11 日）。以钟南山确定"人传人"和武汉宣布封城为起点，疫情集中暴发所带来的信息逐渐公开以及举国开始抗击疫情的行动。（三）平稳期（2020 年 2 月 11 日—2020 年 3 月 19 日）。这一时期主要表现为针对确诊病例进行的定点医院集中收治以及针对武汉市民的社区封闭式管理两个方面。各阶段的数据量分布见表 5-1。

---

① 国务院新闻办公室：《抗击新冠肺炎疫情的中国行动》白皮书，详情请见：http://www.scio.gov.cn/ztk/dtzt/42313/43142/index.htm.

表 5–1 各阶级数据量分布

潜伏期	暴发期	平稳期
658 634 条	1 256 466 条	1 605 631 条

1.潜伏期[①]

在这一时期（见图 5-3），主要有两个峰值：2019 年 12 月 31 日左右和 2020 年 1 月 20 日左右。2019 年 12 月 31 日网上流传了前一天 30 日武汉市卫健委发布的《关于做好不明原因肺炎救治工作的紧急通知》，一时间在网络发酵引起各方关注。在同一天，国家卫生健康委派出工作组和专家组赴武汉指导疫情的处置工作。1 月 20 日晚在央视《新闻1+1》节目直播连线中，钟南山院士证实新冠肺炎"人传人"，让全国人民知道了疫情的严重性。1 月 20 日国务院常务会议决定将新冠肺炎纳入法定传染病，实行"乙类甲管"等措施。武汉也迅速成立疫情防控指挥部。

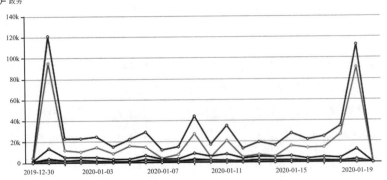

图 5-3 潜伏期的数据量态势分布

除此之外，2020 年 1 月 8 日和 1 月 10 日也出现了小的波峰，这主

---

① 通过检索关键词"武汉＋（不明原因|新型|卫健委|新冠|华南海鲜）"，对
2019 年 12 月 30 日到 2020 年 1 月 20 日互联网上采集到的 658 234 条信息进行深入分析。

要是因为1月7日国家卫健委专家组初步认定这次肺炎的病原体为新型冠状病毒；而1月9日武汉出现首例新冠病毒肺炎死亡病例，一下子引起了本地市民以及全国网民的恐慌。

2. 暴发期 ①

这一时期（见图5-4）主要峰值集中于1月24日和1月27日。武汉市新冠肺炎防控指挥部在1月23日凌晨发布消息，自1月23日10时起，武汉全市城市公交、地铁、轮渡、长途客运暂停运营；无特殊原因，市民不要离开武汉；机场、火车站离汉通道暂时关闭。该消息发布后，引起网民的热烈讨论。有评论指出，在向武汉"壮士断腕"表示致敬与祝福的同时，不应将"封城"理解成是"孤城"或"围城"。1月27日的数据量激增主要是来源于两条信息：一是武汉市长周先旺通报900万人留在城中、500万人离开，这引起了网民对于临阵逃离武汉的这批人群的抨击；另一个是李克强总理赴武汉指导防疫工作，武汉人民感受到了国家的重视。除此之外，2月6日和7日迎来了小幅度的波峰，因为这两天有关于"吹哨人"李文亮医生抢救和死亡的各种流言在网上蔓延，最终2月7日官方宣告李文亮医生因病去世。

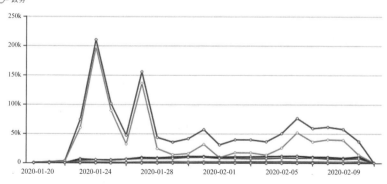

图 5-4　暴发期的数据量态势分布

---

① 通过检索关键词"武汉＋封城＋（钟南山｜火神山｜人传人｜武汉市市长｜武汉市委书记｜湖北省省长｜湖北省委书记｜方舱｜确诊病例）"，对 2020 年 1 月 20 日到 2020 年 2 月 11 日互联网上采集到的 1 256 466 条信息进行深入分析。

3. 平稳期 ①

该时期（见图 5-5）的数据量在 11 号和 12 号达到巅峰，随后随着时间的推移而逐步递减。由于患者确诊标准的变换，2 月 12 日武汉新增病例飙升到 13 436 例，这一数字的大幅上升震惊了全国网民，因此引发了网络的进一步讨论。而在前一日，武汉所有小区实行 24 小时全封闭式管理。到了 2 月 22 日，数据量出现了一个小波峰，这是基于两个方面的原因：一方面武汉防疫指挥部推出"健康码"；另一方面则是国外疫情加速蔓延，意大利多座城市宣布"封城"。到了 3 月 10 日，习近平主席抵汉考察慰问，并且武汉 14 座方舱医院全部休舱，平稳期迎来了第三个波峰。而随着 3 月 18 日武汉新增确诊病例首次归 0，之后的数据量也逐渐趋于平缓。

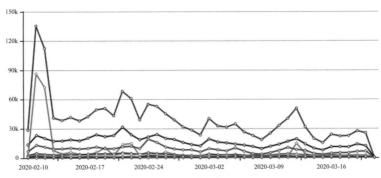

图 5-5　平稳期的数据量态势分布

（二）武汉涉疫舆情的数据平台和来源分布

从信息来源来看，350 多万条信息数据绝大部分来自移动互联网，按照信息源排名依次为微博、客户端以及微信。以暴发期的信息来源分

---

① 通过检索关键词"武汉＋新冠＋防控＋（形式主义 | 新增确诊 | 官僚主义 | 环卫车 | 问责 | 封闭管理 | 汉骂）"，对 2020 年 2 月 10 日到 2020 年 3 月 21 日互联网上采集到的 1 605 631 条信息进行深入分析。

布为例（见图 5-6），微博、客户端以及微信公众号这三者为代表的移动媒介占据了数据总量的 95% 左右，其他武汉涉疫舆情数据来源只占 5%。

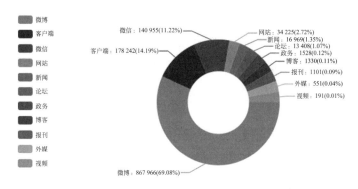

微博
客户端
微信
网站
新闻
论坛
政务
博客
报刊
外媒
视频

微信：140 955(11.22%)
客户端：178 242(14.19%)
网站：34 225(2.72%)
新闻：16 969(1.35%)
论坛：13 408(1.07%)
政务：1528(0.12%)
博客：1330(0.11%)
报刊：1101(0.09%)
外媒：551(0.04%)
视频：191(0.01%)
微博：867 966(69.08%)

图 5-6　暴发期的信息来源分布

新浪微博的弱连接属性促使其成为各种官方机构信息以及媒体新闻首发的传播平台，例如每日的新增疫情病例、指挥部最新通告以及各种救援与捐赠信息都在微博平台发布。除此之外，微博成为不少普通市民书写电子日记的渠道。比如，社工郭晶从武汉封城的第一天（1 月 23 日）开始写封城日记，记录了那些让人印象深刻的普通人（社区保安、花圈老板、环卫工和志愿者等）。

客户端的算法推荐属性为用户自发生产信息提供了渠道，例如以今日头条为代表的客户端会优先向用户推送当地最新的防疫信息和政策，其信息内容与用户自身画像紧密相关，会涉及更多防疫日常生活相关的消息，如当地的疫情病例、物资保障、食品供应、街道或小区的防疫信息以及小区居民居家生活等。

微信公众号的强连接属性使其成为疫情深度报道和文章的发布平台。例如，疫情期间《财新周刊》杂志前线记者采写的原创性和深度性报道，为重大历史事件保留了独特的记忆。此外，一些国际知名学者对于疫情的评论文章也在公众号上广泛传播与分享，如齐泽克（Slavoj Zizek）的文章《清晰的种族主义元素到对新型冠状病毒的歇斯底里》

中谈到新冠疫情提供的非消费主义世界图景。[①]

　　相较而言，传统的门户网站、博客以及论坛的数据量不足全网信息数据量的 5%，而传统报纸的信息量低于 1%。值得注意的是，对老年人来说，他们更习惯通过报纸、电视等获取信息。此次疫情期间，由于报纸投递困难，电视上的消息有一定的延后性，一些最新的重要政策和方针可能会被老年人遗漏，导致他们作出不恰当的行动判断。

（三）武汉涉疫舆情数据的词云分析

1. 潜伏期

　　从潜伏期的词云图（见图 5-7）可以发现，病毒、冠状病毒、不明原因肺炎和新型冠状病毒等高频词表明疫情早期各方对于病毒命名的不确定性。当病毒刚刚出现时，多数的报道和信息将其称之为不明原因肺炎，随着对病毒属性判断的深入，排除了流感、禽流感、腺病毒、传染性非典型肺炎（SARS）和中东呼吸综合征（MERS）等呼吸道病原。直到 2020 年 1 月 9 日，国家卫健委专家组初步判定，本次不明原因的病毒性肺炎病例的病原体为新型冠状病毒。

图 5-7　潜伏期的词云图

---

① 齐泽克：《清晰的种族主义元素到对新型冠状病毒的歇斯底里》，译文见：https://ptext.nju.edu.cn/56/c9/c13164a480969/page.htm.

从词云图还可以看出，华南海鲜市场、宿主、动物以及蝙蝠等词语也在显要的位置。因为早期肺炎病例大部分为华南海鲜城经营户，因此新冠肺炎疫情早期信息聚焦于病毒宿主的调查，如有媒体记者走访华南海鲜批发市场后，所刊发新闻标题为"直击武汉肺炎事发海鲜批发市场，有人不在意有人担心"。

2. 暴发期

从暴发期的词云图（见图 5-8）可以发现，疫情、病毒、感染、封城、病例等词语出现次数较多，这也反映了新冠肺炎疫情暴发时期信息数据的主要内容。而武汉、武汉市以及武汉封城这些显著词语体现了疫情抗击初期武汉作为主战场的险峻形势。

图 5-8　暴发期的词云图

从词云图还可以发现，孙春兰、钟南山两人的名字非常醒目。钟南山院士亲口证实新冠肺炎具备"人传人"的症状，以及孙春兰亲赴武汉一线的消息，都是武汉疫情抗击过程中的重要转折点。网友对于两人的语言和行动都非常关注，比如网友 @ 我是落生在微博上发文："如果你在关注武汉和疫情，有必要了解下这位'硬核副总理孙春兰'，她非常低调，有关她的报道比较少，连她去武汉知道的人也不多。我也是看这次新闻，才知道我国有一位在职的女副总理。但整理关于她的信息，

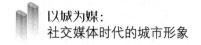

你会发现，这位低调的副总理，绝对硬核。"

除此之外，暴发期还包含着许多患者救治以及市民居家隔离的信息。"医院""火神山医院""硬核""小汤山"等词语，涉及的是集中收治新型冠状病毒肺炎患者的火神山医院，从方案设计到建成交付仅用10天；"社区""居家隔离""物资""老人"等词语，涉及的主要是封城以后武汉市民居家隔离以及后勤物资保障等信息。

另外，"谣言""辟谣""造谣"等词语反映了疫情暴发期各种谣言信息遍布网络，面对来势汹汹的伪科学信息和疫情谣言，官方媒体还联合发布了《鉴谣手册："新型冠状病毒肺炎"谣言的六大套路》，帮助网友鉴别谣言。

3. 平稳期

平稳期（见图 5-9）最显著的词就是疫情防控，武汉市新冠肺炎疫情防控指挥部 2 月 10 日发布第 12 号通告：依据相关法律法规和一级响应相关要求，决定自即日起在全市范围内对所有住宅小区实行封闭管理。对新冠肺炎确诊患者或疑似患者所在楼栋单元必须严格进行封控管理。至此，武汉的疫情抗击战场由医院转移到了社区，由患者的救治转移到市民物资的保障以及情绪的关注。

图 5-9　平稳期的词云图

此外,"问责""严肃""约谈""坚决""责任"等词语,显示平稳期上级部门开始对地方官员展开问责行动。2月10日,在中央赴湖北指导组约谈会上,国务院副秘书长、国务院办公厅督查室主任高雨约谈了武汉市副市长等3人,他在会上强调失职失责必问责,"应收尽收是防控新冠肺炎疫情的关键,要把好事办好,怎么能把好事办坏?这些负责转运危重和重症病人的党员干部为什么不跟车?现在的武汉就是战时状态,这些人的行为十分恶劣"。

除了约谈以外,也有直接问责的案例。3月12日,武汉市青山区副区长接受立案审查引起网络广泛关注。因为在前一天,其管辖的钢都花园管委会使用环卫车辆为辖区园林社区居民运送集中购买的平价肉,对居民群众的身心健康造成不良影响。

(四)武汉涉疫舆情数据内容的情感分析

根据对350多万条信息数据的情感分析,具有负面特征的敏感信息达到了105万条,占到全网信息总量的30%。就不同阶段而言,潜伏期的负面敏感信息占比高达43%,而暴发期与解决期的负面敏感信息占比分别下降为34%和20%(见图5-10)。

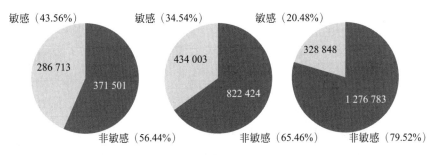

图 5-10 三个时期的敏感信息比例

新冠肺炎疫情发生后,由于大众对于疫情的非理性的认知和信念,导致负面舆情曾接近50%。不过,随着舆情引导以及疫情防控趋于明朗,民众对事件的理性认知逐渐增多，负面舆情呈现下滑趋势，正面舆情也在显著增加。不同时期的焦点信息会影响公众对疫情的认知和信念，网民的情绪也有所波动。舆情危机是疫情危机的重要组成部分，舆情导向正确有利于汇聚民心战胜疫情；舆情导向混乱则会直接影响民众的抗疫信心，从而左右民众的判断与行动。2020年年初武汉疫情抗击关键时期，超过百万量级的敏感信息所衍生的负面舆情对武汉城市形象带来不利影响，具体表现为以下几个方面：

首先，武汉地方政府公信力降低，地方官员形象受损。在疫情暴发初期，武汉本地权威信息发布不及时，致使矛盾转嫁到地方政府。在当地政府部门有关疫情的几次发布会上，民众对政府公布的信息和疫情处置方式持质疑态度，引发当地政府部门在疫情期间的信任危机。参与疫情救助的红十字会，也因行动缓慢、信息透明度偏低而受到民众批判（高旸，2020）。对于突发疫情危机采取冷处理，瞒报或漏报新增确诊病例，导致本地政府主动丧失话语权等。不过，疫情暴发早期信息发布不及时也有一定的客观原因，新冠病毒是一种全新的病毒，人们对它的了解有一个过程，因此并不存在所谓的"隐瞒"。

其次，信息不透明使谣言盛行，激化网民负面情绪。由于权威信息的缺席以及信息公开机制不透明、不及时，各种谣言和不实信息不断涌现。面对疫情的不确定性和未知性，每个人内心都或多或少地存在恐慌情绪或焦虑心理。新媒体放大了网民的非理性信息，使人们的恐慌和不满情绪肆意宣泄。在新冠病毒源头问题上，华南海鲜市场作为空间源头成为最初的焦点，对新冠病毒本身的追问又把武汉病毒研究所及其科研人员推到了风口浪尖，一些朋友圈中"生物战"阴谋的论断持续发酵。其中，李文亮抢救事件里信息发布缓慢、滞后及不透明，刺激了网民负面情绪，促成网络民粹主义以及网民群体性事件的产生。

再次，本地媒体的式微，未能有效扭转舆论。在新闻报道上，武汉本地媒体停留在报喜不报忧的状态，一些报道中的错误用词让媒体自身声誉受损。比如，武汉本地报纸社论《相比风月同天，我更想听到"武汉加油"》中指出，日本捐赠物品的留言不应该使用"风月同天"。其实，武汉接受中外各界援助，对每一单都应该心存感激，都应有感恩之心，媒体的这种评论倾向带有"挑三拣四"的感觉。此外，这篇评论中错误使用"奥斯维辛"的概念，将武汉封城的状态比作集中营，这样的论述也引发了网友的抨击。

最后，武汉市民遭受全国部分公众的地域歧视。疫情发生后，部分武汉市民的错误言行被网民放大为地域歧视，武汉的城市形象以及市民素质在短时间遭到抹黑。随着新冠疫情的暴发，武汉或者武汉人成为新的带有污名色彩的词汇："吃野味的武汉人""逃跑的武汉人"等。对待武汉人更是充满歧视，公交车或者出租车拒载、酒店拒绝接待武汉的返乡者。一些民众甚至在武汉返乡人员家门口用喇叭嘲讽和呵斥，并将视频上传至网络。正如刘海龙所说，病毒作为铭刻媒体会在共同体的集体记忆中留下痕迹。与此同时，隔离群体却被贴上标签，甚至被污名化、被排斥，成为阿甘本（Giorgio Agamben）意义上的"赤裸生命"（人牲）。这些人被贴上神圣的标签，作为牺牲献给神，但是却被排除在了"我们"之外。①

（五）公共卫生危机后武汉城市形象重塑措施

针对新冠肺炎疫情危机给武汉城市形象的负面影响，城市管理者、媒体以及市民应该结成利益共同体，在互惠互利的基础上重塑良好城市形象。具体如下：

（1）弘扬伟大抗疫精神，塑造英雄城市名片。正如前文所述，危机传播治理可以借助公共危机来实现价值革新。在抗击新冠肺炎疫情中，武汉"英雄城市"的形象以及武汉市民的牺牲奉献精神得到了钟南山、

---

① 刘海龙：《病毒的传播学》，原载于《信睿周报》第 29 期，详情请见：https://site.douban.com/303885/widget/notes/194264251/note/769870289/.

李兰娟以及世界卫生组织高级顾问艾尔沃德等人的赞誉。习近平总书记在专门赴湖北省武汉市考察疫情防控工作时强调："武汉不愧为英雄的城市，武汉人民不愧为英雄的人民。通过这次抗击疫情斗争，武汉必将再一次被载入英雄史册！"因此，武汉下一步要用好"英雄城市"的文化 IP，借助各方力量打造武汉英雄城市名片，相关的措施包括建设抗疫纪念馆、主办抗疫主题艺术展、修建街头抗疫精神主题雕塑以及开展"抗疫精神大家谈"等活动。

（2）扭转负面舆情，助推城市传播影响力。新冠疫情产生了许多有关武汉的负面舆情，城市相关部门一方面要为网民提供自由发表言论的渠道，另一方面也要以公共利益为出发点，积极回应网民关心的问题，积极发声、主动面对，增强市民的安全感与地方认同。与此同时，对借机造谣、散布虚假信息等不良言论行为坚决打击。除此之外，要利用好国家媒体的官方宣传渠道，讲好武汉故事。比如，武汉"封城"期间，《人民日报》发布的图片微博"武汉加油，有困难我们一起扛"，央视以《武汉 加油》为题进行抗疫报道，全国网民在社交媒体上转发"武汉加油"等内容引起了强有力的正面影响，共同传递着武汉坚韧的城市精神与未来可期的城市活力（范红、黄丽丽，2020）。

（3）发挥用户力量，共创武汉抗疫影像叙事。对于抗击疫情的书写，不仅可以通过新闻报道或者出版物来进行记录，城市影像的叙事更加具有还原性和共情感。这一类影像叙事既包括官方媒体拍摄的纪录片，又包括每一位普通市民的手机影像记录。就官方而言，针对危机不同阶段的舆论氛围与社会情绪，湖北广电分别于 2 月 3 日（"封城"11 天后）、3 月 17 日（首批医疗队撤离）和 4 月 7 日（武汉解封前夕）发布了《武汉莫慌，我们等你》《阳台里的武汉》和《武汉色彩》三部宣传片。在用户生产内容方面，由清华大学清影工作室与快手短视频联合出品的《手机里的武汉新年》颇具代表性。这部由 77 位快手用户自发上传的 112 条短视频剪辑而成的 18 分钟纪录短片，以快剪的方式将重要时间节点下的武汉民众日常进行时空重组，在叙事广度上极大地拓宽了同题材纪实短片的表现空间，成为书写武汉记忆的"特殊存在"。

（4）借力事件焦点，加强城市形象的国际传播。在浙江大学发布的《2021 中国城市国际传播影响力指数报告》中，武汉的国际传播影响力仅次于北京排名第二。[1] 新冠疫情使武汉成为国际焦点城市，其全球知名度显著提升。武汉可以借助此契机，将知名度转化为声誉度，打造全媒体城市传播体系，建构以移动社交媒体为核心的国际传播矩阵。城市管理者可以进一步挖掘武汉抗疫素材，借助外交部及国家外宣媒体讲好中国故事和武汉故事。例如 CGTN（中国国际电视台）于 2020 年 2 月 28 日推出的中国首部以新冠疫情为背景的英文纪录片《武汉战疫纪》，真实记录了疫情暴发后一个月里，武汉普通民众与一线人群的日常生活，引起国际舆论的高度关注。

六、本章小结

媒体的新闻报道塑造的是常态化的城市形象，而危机传播则是在特殊时期，考验地方政府对城市形象的维护与矫正。对于一般城市而言，公共危机会间接破坏城市的组织运行以及沟通交往。它不仅会对组织系统造成危害，其在传播过程中衍发的次生危机还会给城市形象造成负面影响。社交媒体环境下的危机传播具备信源去中心化、传播瞬时性以及舆论生成的竞合等特征。

互联网加速了公共危机的发酵与蔓延，伴随着的网络舆情会迅速对涉事机构造成压力。随着话题的建立与扩散，网民针对涉事城市及其

---

[1] 前十名依次为：北京、武汉、香港、上海、澳门、台北、广州、重庆、成都和杭州。详情请见：https://baijiahao.baidu.com/s?id=1713605597759797273&wfr=spider&for=pc.

机构展开讨论与评价，极易造成城市正面形象的土崩瓦解。具体而言，网络公共危机对于城市形象的影响主要表现为三个方面：一是冲击城市常态化的地域符号；二是滋生网络谣言与城市污名化；三是削弱本地市民的地方认同。针对这一局面，城市需要依靠多元主体在事实维度和价值维度开展数字交往，从而重塑城市良好形象。本章还分析了新冠疫情暴发初期的武汉舆情，综合归纳本章提升城市形象路径的建议：

——处理好城市形象建构的常态化与动态化关系，从"冲突"角度把握公共危机对城市形象的影响。

——成立覆盖城市各机构与职能部门的舆情监测工作队伍，做好网络舆情的日常监测预警机制。

——网络舆情危机暴发时，要第一时间在网上发声及召开新闻发布会安抚民心，扼制虚假信息的蔓延。

——提升政府工作人员的网络素养，引导公共危机中的正面传播效应，消减负面的情绪信息。

——积极与网民互动，坚持事实与价值双重维度的对话原则，获取民众的信任与认同。

——舆情事件发生后，做好公共危机的善后和评估工作，疏导民众的积怨情绪，避免次生危机发生。

——借助网络用户的力量，寻找公共危机中的共情性与人情味，修复与重塑受损的城市形象。

——在突发舆情事件面前，只有做到真正把人民利益放在第一位的城市，才能塑造良好的城市形象。

第六章
城市形象与数字沟通

一、城市形象、地方认同与可沟通城市

前文主要从城市形象的对外塑造角度出发，但如第一章所述，城市形象的评价尺度并不仅仅来源于他者，也包含本地市民对于当地的感知、体验与态度。因此，与地方认同的连接为城市品牌形象塑造提供了一种特别有趣的路径。认同是人们意义与经验的来源，正如卡斯特尔所说，人们是在他们的地方环境中进行社会化和互动的，这些地方也许是村庄，也许是城市，也许是郊区；并且，他们也是在邻里之间建立社会网络的（卡斯特尔，2006：64）。在城市中，居民通过展现地方认同来赋予地方品牌形象合法性与权威性。参与式的城市品牌形象通过借助事件和社交媒体平台，尝试实现与市民一起共创城市认同（Christensen，2013）。市民的参与对于地方意义的生产以及品牌形象的强化极其重要。

在城市的社区生活中，人们在居住、工作和娱乐方面有多数人共享的基本需求——实惠方便的住房、交通、医疗、教育培训、零售网点、休闲游乐设施、其他公共设施以及社交机会（Williams et al.，2008）。这些要求可能因居民个体的以往经历而有所不同，因为那些经历会塑造他们对于城市的期望、动机和态度（丹尼，2014：15）。卡瓦拉齐斯等曾主张地方品牌与地方认同是二元辩证的关系：如果地方品牌与市民的

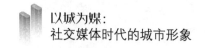
地方认同距离太远，那么地方品牌不太可能同时被当地和外来人群所接
受（Kavaratzis & Hatch，2013）。

　　地方认同是通过历史、政治、宗教和文化话语建构的。尽管这种
理解清楚地将地方认同视为一种互动过程，但在当前的城市品牌形象研
究中，地方认同似乎处于迷失的状态。梅耶斯（Mayes，2008）曾批判
地指出，地方品牌形象承认地方认同的丰富性的同时，仍然建立在它是
地方本质的实践或艺术的假设之上，其任务是揭示"一个特定的地方是
什么以及它想要投射的身份"。换句话说，城市管理者想塑造怎样的城
市形象，来源于市民对于其身份和价值观的认知。地方品牌形象最重要
的是身份、体验和意象之间的联系（Govers & Go，2016）。人们普遍认
为，如果地方形象不是基于身份，那么其营销推广工作只会导致其塑造
的形象与该地方格格不入，尤其是针对当地的市民而言。

　　有外国学者将身份认同看作文化和形象的持续对话，它暗示了子过
程之间相互作用的关系（Hatch & Schultz，2002）。卡瓦拉齐斯等将该
模式运用到地方品牌管理之中（见图6-1），这可以理解为身份认同的动
态交织过程，这一"文化—认同—形象"的过程同时发声，并与所有四
个子过程（表达、印象、镜像和反思）产生共鸣（Kavaratzis & Hatch，
2013）。具体而言，通过有效的地方品牌管理，本地市民可以表达对他
们来说已经构成地方身份认同组成部分的文化特征；作为城市品牌一部
分的外部形象，在形成过程中与地方认同产生共鸣；地方品牌在给人留
下深刻印象的过程中起着直接和主导的作用，通过地方身份认同的表达
来告知他们的看法或形象；品牌塑造还直接与反思产生共鸣，借助地方
认同的改变，产生新的文化理解。

　　根据以上讨论可以把握城市形象与地方认同的互动关系。良好的
城市形象能够促进本地市民的地方认同，同时市民的地方认同也会促使
他们参与到城市形象的塑造之中。可以说，实现两者的正向循环，有赖
于城市信息可沟通性的完善。可沟通城市（the communicative city）最

早由坤兹曼（Kunzmann，1997）提出，"新的信息和通信技术需要满足地方和区域的信息需求，并为城市居民提供他们在活跃社区舒适生活所需的公共信息"。可沟通城市的概念是一个有用的隐喻，因为它将我们的注意力集中在连接市民的传播模式上，并将我们的注意力引导到城市环境与传播现象的关系上，以便那些城市设计者与管理者认识到他们的实践对于日常交往的影响，以及这些传播交往如何反过来影响市民与城市（Jeffres，2010）。

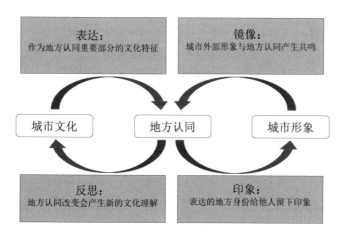

图 6-1　地方品牌作用于认同过程

　　从可沟通的视角出发，城市不仅是一个简单的"经济体"或物理场所，它也是创造和存储文化的空间。杰弗里斯（Jeffres，2010）将可沟通城市定义为一个社区，其环境有利于发展传播系统，将其居民整合成一个动态的整体，使市民能够参与各种公民活动和扮演多种身份角色，使其达到流动性与稳定性的平衡。具体而言，"可沟通城市"的类型囊括了三个方面：首先，城市应该提供交往空间或者机会，让市民能够开展各种日常沟通和互动；其次，城市的基础设施应该保障城市信息的顺畅流动；最后，城市应该创造鼓励政治表达和公民参与的环境（Gumpert，G & Drucker，2008）。从核心宗旨来看，可沟通城市将传播／沟通视为

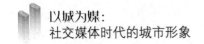

人们的生活方式和城市的构成基础，各类主题通过信息沟通、社会交往和意义生成等多种传播实践活动，实现城市的多元融合、时空平衡、虚实互嵌与内外贯通（谢静、潘霁、孙玮，2015）。

二、智慧城市对市民公共交往的影响

从上文可以看出，可沟通城市的主要目标是实现城市与市民、市民与市民之间交往沟通的顺畅。随着信息传播技术的发展，城市中人、物品与信息传播的速度加快，异时空的传输成为可能。正如施瓦布（Klaus Schwab）所说，我们正在经历第四次工业革命，其特点是：与过去相比，互联网变得无处不在，移动性大幅度提高；传感器体积更小、性能更加强大、成本也更低廉；与此同时，机器学习与人工智能开始崭露头角（施瓦布，2016：6）。巴蒂（Michael Batty）在施瓦布的基础上认为，第四次工业革命的本质就是机器智能、智慧城市、数字医疗保健和信息设备大规模涌现（巴蒂，2020：215）。

智慧城市从本质上表达了计算机和通信嵌入城市结构之中。这个词第一次出现是在吉布森等人编著的《科技城现象：智慧城市、快速系统、全球网络》中。与此同时，人们还提出了其他术语描述类似现象，如智能城市、有线城市、虚拟城市、信息城市，甚至是电子城市。现阶段的学者基本上都不加区分地使用这些术语，强调计算机如何以硬性和软性方式嵌入城市结构。世界各国城市管理者以及学者都在讨论最智慧的城市是什么。这一问题不仅没有答案，甚至在定义上就很模糊，这主要是因为智慧或智能是一个过程，而不是一件人工制品或产品（巴蒂，2020：221-223）。2019年著名传播学者卡斯特尔（Manuel Castells）在清华大学的讲座中是这样评价智慧城市的：

智慧城市首先是一个市场学的内容，它背后隐藏着诸多要素，围绕着市民、规划者和行政机构展开。智慧城市旨在利用先进科技来促进市民生活改善，达成更优质的城市规划，最终目的是让市民在城市空间中更好地生活。智慧城市离不开智慧型政府的支持，因为对于政府来说，智慧城市建设是一项复杂工程，这些工厂需要城市规划者不断吸收最新的信息科技知识，并运用多元技术工具来改善市民生活……智慧城市所倡导的运用新技术更好地管理城市需要落脚到当地的实际情况，并与现实需求做出紧密结合。（卡斯特尔，2019）

通常意义上，智慧城市被视为积极实施信息通信科技（ICT）来收集数据以支持、监控和改善城市基础设施（如交通、废物管理、能源消耗和应急响应）的城市环境。其中，信息通信科技是管理众多网络的基础。在智慧城市中，它们几乎渗透到日常生活的方方面面，以简化城市活动并实时收集和响应系统和客户反馈。这种对智慧城市的理解的核心是能够通过无处不在的、相互连接的传感器和感知对象，以及将城市活动转化为数据的高速互联网连接，来监视城市活动和行为的能力。

实际上，智慧城市被定义为将数字媒体作为基础设施和软件进行战略性集成的地方，以收集、分析和共享数据来管理和告知有关城市环境和活动的决策（Halegoua，2020：5-8）。换句话说，如今城市的成功与高效管理取决于城市中各个组织内部和组织之间如何收集、共享以及传输数据，并将分析后的数据转化为可行的建议来辅助决策。这些数据包括公共行政记录、运营管理信息以及由物联网、智能手机、可穿戴设备、社交媒体、会员卡和商业资源组成的传感器、收发机和照相机产生的数据。基于这些数据应用，智慧城市重构了市民公共交往方式。

（一）日常生活方式的媒介化

欧陆传播学者将"媒介化"看作城市化或全球化一样的元过程命

题，这意味着媒介已经融入我们日常生活的各个方面。根据夏瓦（2018：
21）的定义，媒介化指以二元性为特征的社会过程，即媒介融入其他社
会制度与文化领域的运作中，同时其自身也相应成为社会制度，因此，
社会互动——在不同制度内、制度之间以及社会整体中——越来越多地
通过媒介得以实现。换句话说，媒介不只是机构、政党以及个人使用或
不使用的科技，相反，它们得去适应媒介。现如今，智慧城市加速了人
们日常生活媒介化的进程，其所承载的数字技术颠覆了城市居民的工
作、学习与休闲生活。

其一，工作方面。城市中多数的成年人都必须工作，而且很多工
作都需要出门在外。从家到工作场所（无论是工厂、办公室还是施工现
场）的日常旅程在地理位置上几乎是无处不在的，并且可能给交通基础
设施和个人生活带来压力。但互联网新技术的发展给传统的办公形式以
及职业功能带来了颠覆性影响。正如卡斯特尔（2001：297-301）所言，
新媒体技术正在重新界定劳工和劳动过程，并因此界定了职业结构与就
业环境。移动互联网技术造成了时间的错位，即许多单位或企业并不需
要遵循固定的上班时间。相反地，在网络经济的非标准就业模式中，其
特征在于愈来愈采用"弹性时间"。弹性且无限的时间同时也促成了流
动的工作空间。工作所进行的实际地点，或多或少较为不固定，而且并
不限定于雇主所提供并维持的工作场址。

其二，学习方面。相对于大多数城市成年人工作日要出门工作，多
数未成年人则要在工作日去学校接受教育。某种程度上，在学校课堂上
学习具有教化的作用，因为它可以带来新的体验和环境，并与来自不同
文化的人们互动。不过，互联网所带来的线上教育模式让学生足不出户
在家中就能享受教育资源。在线教学（MOOC）、多媒体教学和混合式
教学模式丰富了传统的教育方式，学生们的学习方式也从传统的线下课
堂学习向线上与线下相结合的混合模式转变。联合国教科文组织表示，
2020 年暴发的新冠肺炎疫情导致了 190 多个国家停课，15 亿多学生和

6300万教师受到影响。这一严峻形势推动了学校和师生开始摸索在线教育的新模式：曾经固定在教室进行的班级教学变成了私密空间的居家学习，老师与学生之间面对面互动变成了屏幕前的对话。

其三，休闲生活方面。与工作和教育相类似，移动互联网形塑了传统的城市日常生活与休闲娱乐。网络空间里的电子链接主要是为了"把农业、制造业与商品、服务的消费以及对社会组织和机构的管理联系起来"（米歇尔，2017：166）。网络线上购物渗透到人们的衣食住行之中，淘宝、京东、美团和饿了么等电子商务交易规模显著增长。这种O2O模式的电子商务使人们在家足不出户就能享受实体到店的感官体验和服务。如果人们能通过网络来提供一项服务，你就能将服务地区延伸到网络所能到达的任何地方——也就是麦克卢汉所说的"地球村"。

（二）传统社区共同体的瓦解

社区的概念最早来源于滕尼斯（1999：3）的共同体思想，它是一种持久的和政治的共同生活，是一种原始的或者天然状态的人的意志的完善统一体。一个社区共同体的形成，来源于同一居住范围内人们频繁而连续的面对面交往。比如，古希腊居民喜欢汇集到城市公共活动中心来开展交流。这里的城市活动中心是城市中拥有的会面、文化的和集体活动的场所，也被称为集会地点，即公共庙宇、公共广场、运动场和剧院。早期的城邦就如同现在的城市社区一样，相互熟识的人互通信息甚至开展辩论，其沟通内容无所不包，从国家大事到街坊邻里的琐事。

20世纪末，一些新的信息通信技术如电子邮件、传真机、电话以及语音信箱等，使城市居民的沟通不局限在同一物理空间内，这种信息沟通被米歇尔称为"异步通信模式"。在其中，人们说的话不是马上被听见，而是在以后某个时间被重复。回应也不再是即时的，面对面对话的统一性在空间和时间上都断裂了（米歇尔，2017:20）。到了21世纪，互联网在城市生活中的重要角色就好比集会地点之于城邦居民。互联网实现了电子异步通信，这对城市生活和形态产生越来越大的影响。我们所熟悉的、有特定空间的、同步的生活方式发生了改变，互联网的传输可以在同一时空进行，也能发生在不同的时空。因此，以往城市交往活动发生的时间和地点在互联网环境下变得不再重要。

移动互联网的兴起和发展使市民的交流不再局限于固定的区域和人群，传统社区共同体越来越趋向于瓦解。新媒体技术系统使地方性往往屈服于全球性，而人的交往与合作也从线下转到了电子网络，传统的地区淹没在各种流动之中。正如卡斯特尔所言，新的通信技术和交通系统使人们有选择地与自己想要接触的个人或群体保持联系，而总体上与城市没有什么联系……通过将城市碎片化，加速的空间隔离过程可能会降低我们共同生活的能力（汪民安、陈永国、马海良，2018：356）。

在传统社会，城市公共交往对于培养陌生人间的信任至关重要。麦夸尔（2019：22）认为，公共空间是陌生人之间自发、短暂的新型社会交往最主要发生的区域。雅各布斯（2006：49）也表达了类似的观点，街区和人行道上的社会生活的核心在于它们都是一种公共活动，这些区域把互不认识的人聚集起来，这些人并不能够在私下、不公开的方式中相互认识，而且多数情况下他们也不会想到用何种方式来相互认识。正是有了这样的公共空间，市民可以在街上向他人问路、咨询好吃的餐馆或者找商家兑换零钱。但智慧城市一定程度上削弱或消除了这种微观交往的发生，营造了一种无接触的新体验。人们可以使用电子地图、消费评价软件以及移动支付完成上述行为，而不需要请求他人的帮助。

（三）公民参与方式的转变

在西方社会，公民参与的集体活动是城市公共生活的重要组成部分。人们抗拒个体化和社会原子化的过程，而更愿意在那些不断产生归属感，最终在产生一种文化认同的共同体组织中聚集到一起。要达到如此结果，就必须经历一个社会动员的过程。按照卡斯特尔（2006：65）

的话来说，人们参与到非革命性的城市运动之中，在参与的过程中找到和保护彼此共同的利益，多多少少分享彼此的生活，从而获得全新的意义。由此可见，良好的城市氛围可以允许市民广泛讨论公共议题，从而促进城市更新和可持续发展。这就像是哈贝马斯笔下18世纪的公共领域。在那时，城市不仅仅是资产阶级社会的生活中心；在与"宫廷"的文化政治对立之中，城市里最突出的是一种文学公共领域，其机制体现为咖啡馆、沙龙和宴会等（哈贝马斯，1999：34）。

到了如今的网络社会，公民参与的范围与规模都发生了巨变。新的城市交流是一种由流动空间和地方空间之间的多模式界面展现出的有意义的、交互性的交往模式。城市已经被媒介与非媒介传播实践所占据，市民的线下群体性活动（示威、游行和集会）正被各种社交媒体渗透，这些移动设备既可以成为线下参与的联络方式，又可以作为线上公共活动参与的落脚点。公民对于参与更多政府活动的需求和愿望不断增加，同时信息通信技术的进步与投入以及由此带来的政府与公民互动和沟通的完善，对地方电子政务战略产生了影响。而智慧城市中蕴含的智慧政府正好顺应了这一趋势，它通常用于描述"投入新兴技术以及创新战略以实现更灵活、更有弹性的政府结构和治理基础设施"的实践活动（Pereira et al.，2018）。

很显然，"智慧市民"已经开始围绕在我们身边。智慧城市开发者应该开始思考那些实施中嵌入网络和软件里的方法、目标和偏见，以及这些革新的数字技术如何能促进民主过程和基层改革，并且思考如何在智慧城市设计阶段融入大范围市民的声音（Halegoua，2020：150-166）。具体而言，一方面市政网站赋予地方政府权威的声音；另一方面，就公民的观点而言，社交媒体可能成为一个与公民进行对话的非正式场合。这种对话的有效性取决于地方政府如何实施电子民主和促进社会包容，以及如何真正对待和回应公民的反馈。毕竟，是人让智慧城市栩栩如生。

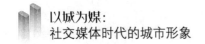

三、城市数字沟通的社会维度

在数字时代,可沟通城市的内涵与外延也发生了变化。可沟通城市可以将城市传播划分为三个维度:地理网络、信息网络和意义网络。智慧城市相关技术的迭代对于三重网络影响最大的当属信息网络,因为它代表的是城市各类虚拟平台的社会交往和公共参与等,体现了传播的社会性(谢静、潘霁、孙玮,2015)。它一方面要搭建虚拟空间或数据平台来方便市民了解城市信息以及加强市民之间的公共交往,另一方面通过搜集市民数据或邀请市民线上参与的方式来实现城市治理。信息科技的发展使传统的信息沟通转为数字沟通,国内学者黄旦为此提出数字沟通力,指的是"依托媒介感知、互联、相遇、结合、转化的特性,以促发物与物、物与人、人与人的互联互动、共生共长为目标的,数字技术增强、创造社会多个层面的交互能力"①。基于此,本节将从社会性出发,归纳智慧城市数字沟通的三大维度:

(一)信息交换与数据收集

早在20世纪90年代,卡斯特尔就将信息主义范式下的城市形态称之为"信息化城市"。由于新社会的特性,即以知识为基础,围绕着网络而组织,以及部分由流动所构成,因此信息化城市并非是一种形式,而是一种过程,这个过程的特征是流动空间的结构性支配(卡斯特尔,2001:491)。在其中,流动空间最主要的物质支持是由电子交换的回路所构成的,即以微电子为基础的设计、电子通信、电脑处理、广播系统,以及高速运输,它们共同形成了我们认为是信息社会之策略性关键过程的物质基础。而智慧城市的信息化建设从技术和效率上大大推进了城市

---

① 黄旦:《数字沟通:新闻传播学科的新方向》,"浙江大学数字沟通研究中心"成立大会发言,浙江杭州,2020年12月27日。

数据库建设和信息系统的应用，实现了城市居民信息交往的虚拟化与移动化。

在霍兰德（Hollands，2008）看来，任何成功的社区或企业都仰赖于人以及人与人之间的相互影响。他认为，信息技术最重要的方面不在于创造智慧城市的能力，而是把这种交流当作社会、环境和文化发展的一部分。随着智能手机终端的普及，城市居民日常交往的内容与行为转化为比特，而被大型平台企业以及智慧城市运营者收集。正如陆兴华所言，今天，在城市里，人人都在手机里，留下了自己的身体、身份踪迹，后者被云计算平台捕捉为数据。这个云计算平台转而对这个数据做递归运算，完善其参数模型后，就能模拟、预测和影响行动者的未来决断，转而又通过手机和其他 APP，用这一大数据去控制人的行为和活动（陆兴华，2021：57）。

当智慧城市采纳新技术，它们会以更开放和亲民的方式去利用预先存在的技术和数据。一个普遍的市政实践是创建用户友好型的政府门户来提供数字形式的城市服务和信息，如政府机构基本信息、当地新闻和工作计划、相关执照的申请或者罚款和费用的网上支付系统。除此之外，基于物联网的物品或商品的信息数据也是地方政府收集的主要内容。物联网被用于将日常对象和设备（冰箱、洗衣机、空调或咖啡机等）连接到互联网络。它依赖于将各种设备和数据源链接到集中的无处不在的通信基础架构，并使其可以轻松处理数据以响应城市活动以及促使市民能轻松访问数据。这种网络连接允许人和对象以及对象和其他对象通过网络相互通信或交换信息（Halegoua，2020：102）。

二维码作为"接口"已经渗透进城市的公共服务、经济金融和文化生活等不同领域，它既方便了市民开展各项城市实践活动，又使城市能够更便捷地收集市民的各种交往与行为信息。比如，二维码扫码付账不仅可以减少人力成本、缩短排队时间，还具有开发用户数字踪迹的巨大价值，产生了交易信息的全套数据。每一次的付费扫码都可以看作对城

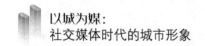

市的编程，形成了城市系统的循环和多重反馈（孙玮、李梦颖，2021）。自 2020 年新冠疫情暴发以来，"健康码"作为出行凭证，如戴口罩一样，深刻嵌入每个人的日常生活习惯中。无论是疫情早期还是防疫常态化阶段，密切接触者的追踪、高风险区出入以及防疫物资的供给都离不开城市大数据的支撑。

（二）数据应用与城市治理

科技的发展促使城市居民的生活更加智慧和便利，以往需要携带各种各样的卡片和现金出门，如今只需一部智能手机便可以搞定。城市管理结合新兴技术（大数据、云计算与人工智能）逐渐成为近年来主要应用模式，因此智慧治理应运而生。智慧治理被看作采用智能和适应性行为和活动来做出决定的能力，是智能、开发和参与式政府的基础。从定义来看，智慧城市与基于信息传播技术的城市创新相关，即智能地使用信息传播技术提供更好的城市服务，解决由于城市化进程而导致的日益严重的城市问题。为了管理智慧城市的动态，需要探索新兴的信息技术来构建新的治理模式，包括新的关系、新的流程和新的政府结构（Pereira et al.，2018）。

借助大数据等数字技术，智慧城市搭建了基于规划治理的社会网。这些技术不仅是城市管理手段创新的"工具"，而且不断升级成为主动挖掘需求并给予解决方案的"智能助手"。这些数据的收集与应用，使城市公共服务更加精细化与智能化。以杭州"城市大脑"为例，政务系统整合各部门数据，让老百姓办事"最多跑一次"；交通部门利用道路摄像头的实时采集与监控，加上算法对交通信号调控的接管，有效缓解交通拥堵问题；健康系统根据身体指标绘制个人监控画像，并匹配和对接合适的医疗资源；"安全大脑"则致力于及时预警城市公共安全事故，并快速做出应对措施（吴越、温晓岳，2019：97-214）。

在所有这些数据应用中，智慧城市几乎都会优先配置智慧交通。它不仅指信息通信技术服务于交通管理，同样也指智慧型的交通产品和移动方式。可以说，智慧交通是信息科学技术在交通运输层面的深度应用，是交通运输数字化和信息化发展的高级阶段，是一个搜集、处理、加工、传输与开发利用信息资源的过程，其在提供知识与信息方面具有较强的自学习、自处理、自判断和自适应能力，是信息化技术引领交通运输科技化的具体表现形式（张新、杨建国，2015）。智慧交通包含很多方面，如安全保障与应急处置系统、交通信息服务系统、交通监测预警与决策系统以及多种信息化的交通样态和交通服务产品等。以具体城市为例，广州实现基于互联系统的智慧管理以及无线城市监管出行；新加坡市借助自动化技术和数据分析改善交通，大力发展自动驾驶技术；首尔市则用大数据分析来改善夜间巴士路线（龙瀛、张雨洋、张恩嘉、陈议威，2020）。

（三）线上参与和公共协商

对于一座巨型城市而言，海量数据并不能解决所有的城市问题，它还有赖于市民的主动参与。信息通信技术通过网络信息架构和 web2.0 的交互性创造了一种新的市民对话形式，旨在改善以市民为中心的参与式治理，从而使公民与政府之间直接的、实时的互动联系成为可能。不少传播政治经济学者主张，智慧城市的建设和治理离不开公众的广泛参与，离不开对公共空间的支持，以及对公民拥有技术控制权的承诺。从这个意义上来说，"人类治理"才是当前城市治理的核心要件，它既是城市的"智慧"所在，又构筑了智慧城市发展的"基点"（姚建华、徐偲骕，2021）。就中国的国情而言，无论是基于私人利益还是公共利益，市民的线上公共参与渠道都可以分为以下三种：

其一，市长热线。市长热线诞生于 20 世纪 80 年代，如今已成为普通民众参与地方政府过程的主要渠道。传统而言，市民向城市管理者反映问题往往采取信访渠道，它特指群众来信和群众来访。相比于面对面的沟通机制,市长热线的创新性主要表现为三个方面:首先,市长热线使用了当时较新的沟通载体——电话,它大大提高了沟通的时间效率;其次,市长热线塑造的沟通是非面对面的,即政府一方和民众在沟通时看不见对方;最后,市长热线意图超越"民众—政府(部门)"的沟通结构,形成"民众—政府(市长)"的新沟通结构(刘伟,2021)。可以看出,市长热线降低了民众向上沟通的成本,其相对匿名性也增强了沟通意愿。

其二,城市公共论坛。相比于市长热线,城市公共论坛实现了市民与政府的对话,还为市民之间就城市公共议题的讨论搭建了网络平台。正如上一节提到的,哈贝马斯提出城市市民自由、公开地在咖啡馆或沙龙里辩论公共事务,从而形成作为公共领域基础的公共舆论。在移动互联网时代,任何市民都可以随时随地在城市公共论坛中展开讨论。例如,苏州的"寒山闻钟论坛",作为体制性的网络空间,保障了政府对网络议题的迅速回应及对公共舆论的关注,并引发后续积极的管理政策和措施的推行(马中红,2016)。本章最后一部分也将通过武汉"城市留言板"的实证研究来考察城市网络公共空间的协商机制。

其三,社区数字网格。2013年以来中国的多数社区主要采取网格化管理模式。它是运用数字信息化手段,以街道、社区、网格为区域范围,以事件为管理内容,以处置单位为责任人,实现市区联动、资源共享的一种城市管理新模式。2021年4月,中央提出"坚持共建共治共享,建设人人有责、人人尽责、人人享有的基层治理共同体"的工作原则。在技术赋权的背景下,不少大城市社区积极运用信息传播技术来实现提升社区治理效能的机制创新,比如各类微信群、微信小程序、公众号、智慧社区APP等数字平台,已成为居民参与社区事务的组织手段,同时也是地方党政机构介入社区治理的途径(邵春霞,2022)。

四、数字城市沟通力的实现路径

上文我们已经论述了新型智慧城市如何影响市民的社会交往与日常生活，以大数据、云计算和人工智能为代表的新技术延伸了城市数字沟通的社会维度。这种颠覆式的改变，让城市各个角落的市民声音都能被看见和听见；普通民众拥有了与地方政府以及大型企业对话的机会。正因如此，城市实体空间与虚拟空间的边界被打破，人、技术与社会三者之间的关系也被重塑。不过，这种关系并不是长期稳定运转的，数字城市沟通力的实现依赖于以下三个方面。

（一）搭建城市的公共数据平台

智慧城市的架构是一个分层的基础设施，由感知层、通信层和应用层组成。因此，要想实现数字城市沟通必须搭建好城市各分层的数据平台。城市管理者聚焦于整合大数据、物联网、云计算、互联网设施以及移动社交媒体，作为智慧城市科技发展的关键要素。大卫·莫斯可强调，物联网、云计算和大数据分析三个系统彼此相连：物联网的迅猛发展离不开云计算的强力支撑，而大数据分析源自物联网的大规模应用；物联网就是人体的感知神经，云计算为大脑中枢，大数据分析为血液循环系统，三者相互协同，加速实现了城市中人与物的自动控制和智能服务，城市愈发智慧化（莫斯可，2021：69-75）。

城市是由公共信息、数据收集和处理组成的。数据驱动城市可以理解为数据、软件、基础设施和城市本身的转换域。软件转换城市空间，因此它被调制成一个数据生成器。作为回应，数据重新迭代了基础设施空间，同时也引入了城市和数据相关的新问题。因此，数据和基础设施的二元关系可以被认为是，数据和基础设施在一个转换过程中共同生成，从而使它们个体化，同时也相互调制，作为其相关环节中不同于现实的更大网络的一部分（Tavmen，2020）。由此可见，数据具有以特定方式将技术带入城市及其基础设施的能力。但这并不意味着数据驱动的城市完全是数据技术和基础设施的结合；相反，它正发生在一个更大的网络中，该网络可能是地理、政治、经济、情感和文化的不同现实和潜力（Mackenzie，2002）。

（二）树立科技向善的价值取向

智慧城市数据平台的搭建并不是单纯依靠地方政府就能实现的。为降低风险，城市管理者往往会向大型科技公司购买解决方案。在数据自由流通的智慧城市中，市民的数据信息被大型科技公司掌握，这种状况如同韩炳哲在《透明社会》所提到的"数字化全景监狱"：居民们通过自我展示和自己揭露，参与到它的建造和运营之中……当人们不是因为外部强迫，而是出于自发的需求去暴露自己之时，当对不得不放弃个人秘密领域的恐惧让位于不知羞耻地展示自己的需求之时，监控社会便趋于完美了（韩炳哲，2019：77-78）。因此，这就需要互联网公司树立科技向善的价值取向。

科技是一把双刃剑。城市在追求高度数据化的同时，也要善用技术，做到"科技向善"。这一种向善体现在创新的各个环节，它是智慧城市创新的底线、动能以及最终的目的。这其中，个人信息保护是国际公认的核心伦理问题。在疫情期间，个人信息保护在特殊场景下暂时让位于生命安全。但当疫情缓解，社会运转回归常态时，我们应该重新审视城市数字化沟通中的信息安全问题。正如刘海龙所言，个人隐私信息的丧失意味着人失去了对自己的控制——个人的喜好、行为甚至人格都被他人预测、评价。失去自我控制的人就很难被称为"人"了，变成了被操作的物。这涉及人的主体性与能动性，所以隐私信息的保护非常重要（司晓、马永武，2021：205）。

智慧城市的发展会带来数据量的增加，数据破坏、丢失与泄露等安全隐患日益凸显。国家已经颁布了《国家安全法》《网络安全法》《密码法》《个人信息保护法》《数据安全法》等，这些法律让智慧城市的网络安全建设有法可依。同时，地方政府应该督促互联网企业坚守科技向善的价值理念，兼顾效益与责任的关系。例如，《杭州城市大脑数字赋能城市治理促进条例》中就提出，公共管理和服务机构、企业等应当遵循合法、正当、必要、适度的原则，依法开展数据的采集、归集、存储、共享、开放、利用、销毁和安全管理等工作，保障数据采集对象的知情权、选择权，履行数据安全保护义务，承担社会责任，不得损害国家安全、公共利益或者公民、组织的合法权益。[①]

（三）培养市民的数据素养

除了约束城市管理者以及互联网公司以外，培养民众的数据素养也是数字沟通力的实现路径之一。数据量的增多并不能直接导致城市的可持续发展，而民众的辨别能力也没有随着数据量的增多而变得更强。正如韩炳哲所说，随着信息量的增加，或者说滋长，更高的判断能力却渐渐枯萎。很多时候，"较少"的知识和信息所能带来的却"更多"……透明社会容不下任何信息和视觉的缺口。然而，无论思想还是灵感都需要空隙（韩炳哲，2019：7）。因此，利用好这段"空隙"，有赖于全社会对民众获取、分析和评价数据信息能力的关注。

显然，城市是异质性的，并且存在着不平等。智慧城市技术不能承诺去改变权力关系、治理系统或者这些系统的政治性与优先权，它只能改变信息是怎么搜集、分析或展示的（Halegoua，2020：116）。因此，公共管理和服务机构在推进智慧城市数字沟通工作中，应当关注少数群体（尤其是老年人）的群体利益。"科技适老"早已成为地方政府、技

---

① 浙江政务服务网：《关于征求〈杭州城市大脑数字赋能城市治理促进条例（草案）〉意见的公告》，详情请见：http://www.hangzhou.gov.cn/module/web/idea/que_content.jsp?webid=149&appid=1&topicid=541298&typeid=11.

术平台和家庭共同关切的问题，其核心是要充分理解老年人的技术使用诉求。一方面，家庭晚辈以及社会组织要解决老年人数字鸿沟中的"使用沟"问题，教会他们基本的技术操作，并关注其技术使用诉求和情感需求；另一方面，家庭与社会也要解决老年人面临的"素养沟"问题，帮助他们安全使用网络，避免成为网络谣言或网络诈骗的受害者。

五、武汉城市留言板的协商机制：案例分析

目前中国现阶段主流的网络问政形式包括政府门户网站、网络论坛、政务微博、政务公众号和政务短视频等。本章选取的武汉城市留言板在类型上属于公共论坛，与其他网络问政形式相比拥有独特的优势：相比于自上而下政策传达的门户网站，网络论坛更有利于网民针对政府的政策、权利或义务等问题发表意见或建议。人们在网络论坛式的虚拟空间内能跨越地理障碍和社会限制，聚集一处畅所欲言，一面分享信息，一面进行审议而达成共识（林宇玲，2014）。与微博、微信以及短视频等碎片化社交媒体相比，公共论坛的议题讨论更加聚焦、集中且理性。正如梅达格利亚等（Medaglia & Yang, 2017）指出，"尽管中国社交网站、新浪微博、微信等应用越来越受欢迎，但在网络讨论方面，传统的在线论坛在中国互联网中仍然扮演着非常重要的角色，特别是在讨论公众活动时"。

另外，通过以往的研究可以发现，网民更愿意参与地方性或基层的政府治理过程，因为相对于中央决策的权威性和宏观性，地方政府面临着越来越多的请愿和社会冲突，以及来自其他复杂问题的挑战。澳大利亚学者乔纳森·昂格尔（Unger, 2014）等认为，在中国"可以找到数不胜数涉及普通百姓的充满活力的基层协商民主实践的案例"。

本章所选取的武汉城市留言板上线于2017年年初，脱胎于人民网

的地方领导留言板。其创办的目的是践行 2016 年中央提出的"各级党政机关和领导干部要学会通过网络走群众路线"的工作要求。武汉城市留言板不同于以往单一性质的公共论坛，如商业论坛、党媒论坛和政府论坛。它是武汉市网上群众工作部官方互联网平台，由中央网信办批准的全国重点新闻网站长江网负责运营，其宗旨便是"民有所呼，我必有应"。武汉市 122 家职能部门的工作人员都要参与平台互动，通过在城市留言板上与市民协商，解决市民现实问题、改进工作作风、提升城市治理能力。

之所以选取武汉城市留言板作为案例，主要是基于三个方面的考虑：第一，作为新一线城市，武汉无论是经济实力还是城市影响力在全国都位居前列，超过 1000 万的常住人口也给城市治理带来了较多的挑战；第二，与其他城市的政务平台相比，"留言板"的月活量、留言量、办理量和回复量都有较大的优势；第三，"留言板"是为数不多的将线上回复的效率纳入政府部门绩效考评的媒体平台。

已有研究证明，权威式协商模式鼓励相对自治的民间社团的自主发展，也提倡政府采取更加间接的管控机制，促进地方政府治理（赵娜、孟庆波，2014）。与其他的网络论坛相比，本章所要研究的个案武汉城市留言板更能体现响应式协商机制的特色。这是一种具有中国特色的权威响应式的协商民主模式，它由第三方媒体搭建公共平台并对协商内容把关，广大普通网民主导协商的议题，而官方除需对议题进行引导外，也有义务主动响应或解决议题中的问题和诉求。这种权威响应式的协商机制区别于由权威部门主导、邀请相关代表参与的协商模式，如恳谈会、听证会和电视问政等。

传统的网络论坛虽然为网民提供了双向交流的通道，但其议题因缺乏有效的多向协商机制而难以达成共识，分散性且碎片化的网络话语削弱了论坛协商的效果。相反，"留言板"是对公共协商效率的有效回应。它采取这样的运作模式：网民留言——留言板转办——职能部门接

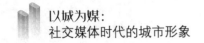

单——确认问题及调查——职能部门回复——网民评价。这种模式推出纵向问责机制，公民据此监督公共政策的实施，实现了约束和权威的平衡，实现了治理与权威的平衡。

本节主要采用参与观察、深度访谈和文本分析等研究方法。笔者自 2020 年 7 月 15 日开始进驻武汉城市留言板的办公部门，开展为期 3 个月的参与式观察，其间深度观察和体验了他们工作的计划、流程以及具体实施。同时，对"留言板"的多名工作人员进行半结构式访谈，其中包括"留言板"总负责人 A、"留言板"办理组负责人 B 和"留言板"后台数据分析师 C（访谈实录见附录二）。在半结构访谈中，研究者对访谈的结构具有一定的控制作用，但同时也允许受访者积极参与。笔者事先拟定好大纲，采访主要围绕大纲问题展开，涵盖了"留言板"的理念与特色、运作模式以及与各职能部门和市民之间的关系，同时也会涉及"留言板"内容的把关、市民的匿名权以及重大舆情问题的操作等相关问题。每个访谈的时间为 1 小时至 1.5 小时，访谈在被访者同意的情况下进行了录音。

为了深入了解武汉城市留言板的传播内容以及背后的互动逻辑，本案例选取了从 2020 年 9 月 6 日到 2020 年 9 月 12 日一周所有"留言板"的市民参与和职能部门的反馈内容进行文本分析，共计 7370 条留言数据。文本分析从涉及部门和主题入手，对 7 日内的市民留言内容进行分类。分类完毕后再比照市民参与内容和职能部门反馈内容进行质性的内容分析，包括框架、修辞和语言风格。本章将遵循从宏观到微观的分析步骤，首先判断市民参与内容的主题和框架，再检视反馈内容的修辞风格，从而全面了解"留言板"的协商机制。

（一）总体数据统计

自 2017 年 4 月 28 日上线以来，武汉城市留言板的历史总留言量达到 554 338 条（截至 2020 年 10 月 13 日 12 时）。为了能让大家了解"留言板"日常的留言内容，本案例选取 2020 年 9 月 6 日零时到 2020 年 9 月 12 日 24 时 7 天共 7370 条留言办理数据，并呈现各区、各市直机关单位留言办理量排名（见表 6-1）以及留言类型的数据分布（见表 6-2）。

表 6-1　武汉市各区、各市直机关单位留言办理量排名

序号	武汉市各区	留言办理量	市直部门	留言办理量
1	武昌区	622	市交通运输局	236
2	江夏区	610	武汉地铁集团	119
3	江岸区	572	市公安交管局	62
4	东湖高新区	552	住房公积金中心	57
5	洪山区	540	市教育局	52
6	黄陂区	512	市房管局	49
7	汉阳区	490	市公安局	45
8	蔡甸区	372	市自然资源和规划局	42
9	东西湖区	368	武汉城投集团	40
10	江汉区	366	市城乡建设局	39

表 6-2　四大留言类型的办理量分布

序号	类型	留言办理量
1	问题反映	4695
2	政策咨询	752
3	困难求助	1383
4	意见建议	540

从表 6-1 可以看出，各区的留言办理量高于市直部门的留言办理量，这主要是因为网友留言较多的内容为自身的居住环境和日常活动范围内遇到的问题，如物业管理、小区环境、生活噪声等，这一类留言诉求一般由网友所在辖区的街道和职能部门来受理。从各区分布来看，留言办理量排名前三为武昌区、江夏区和江岸区，根据 2018 年年末的人口统计数据，这三个区的人口数量位居全市人口数量排行的前五位。此外，就一周的留言统计来看，武汉主城区的留言办理量要高于远城区的

数量，如未能排进前十的青山区、新洲区和武汉开发区均为武汉市的远城区。另外，各市直部门中留言办理量较多的部门都与市民生活息息相关，包括与市民出行有关的交通运输局、地铁集团以及交管局，与市民住房相关的住房公积金中心和房管局，以及市民关心的城市治安、环境、教育和城市规划等相关部门。

从表 6-2 可以看出，网友关于问题反映和困难求助的留言量较多，而政策咨询与意见建议类的留言量相对较少。为了能够提高政策咨询以及意见建议留言数量，"留言板"也会不定期在长江网另一个平台"长江论坛"上组织开展互动活动来鼓励网民留言。例如，2020 年 8 月开展的"我为武汉'十四五'规划建言献策"活动，邀请市民通过长江网武汉城市留言板与市政协委员进行点对点交流。而在政策咨询方面，会邀请相关部门来解答市民或者是企业主体的困惑，比如高考填报志愿以及企业营商环境的咨询互动活动。

（二）留言内容的公共性边界

"留言板"兼具政府和媒体的双重属性，借助网络空间来协商与处理更多的城市公共问题。"留言板"对于公共性的追求，符合我国古代"公事不私议"和"崇公抑私"的理念。这要求人们首先关注共同利益，然后再处理利益分配之类的次要问题（He，2014）。

互联网的发展为更多有意愿发声的群体提供了参与公共讨论的空间。武汉城市留言板的"网民留言—政府反馈"模式大大扩展了理性批评性协商的机会。但是可以发现，"留言板"中的批评性协商内容以私人性的个体诉求为主。过多的私人意图渗透进网络活动中，可能会使科技的理想性无从发挥。以上这些关于互联网是否促进公共性的讨论一直存在且都还没最终定论，不过公共领域中公共议题与私人议题融合的趋势已无法阻挡。

这种融合趋势对于地方网络公共空间而言更是如此，因为每个市民都生活在城市空间之中，他们会根据自身的日常城市生活体验来参与其中。"比如人行道红绿灯时间设置过短问题，可能是某个人提出的私人利益诉求，但该问题的解决却能使更多的行人获益。"（受访人 A，访谈时间：2020 年 10 月 20 日）就"留言板"而言，2019 年涉及公共利益的留言首次超过了个人事项，占到了总留言的 50.1%。[①]"留言板"办理组负责人用金字塔结构来形容留言内容对象的分布（见图 6-2），个体诉求、群体诉求、区域发展建议和城市宏观发展建议由多到少排列（受访人 B，访谈时间：2020 年 7 月 30 日）。针对个人与群体的留言内容往往是以诉求的形式出现，而针对较广范围对象的区域或城市宏观发展则是以建议的形式呈现。

图 6-2　留言内容对象分布的金字塔结构

（1）个体诉求留言。这一类主要指单一个体针对自身的日常生活以及工作等方面的私人化诉求。水、电和天然气的供应是普通居民最基本的生活所需，也是居民提出个人诉求较多的领域。例如，2020 年 9 月 12 日（查询码 867389）有一位 70 多岁的老人向市水务集团反映家中水压过低而没有供水的问题："老旧小区换新水箱本是一件利民的好事，可是自从换了新水箱后，我家基本上都是无水状态，大白天没有水，只有半夜 2 点多才有比头发丝粗一点的水流出。"这一类个体诉求的问题多聚焦于市民的日常生活服务保障方面，也存在于个人对于五险一金的政策咨询以及职称申报、职业培训和退休金发放等个性化需求。

（2）群体诉求留言。相比于个体诉求的特殊性，这一类诉求多为

---

① 《长江网·武汉城市留言板 2019 年度报告发布》，详情请见：http://news.cjn.cn/wsqzgzb/lybrd/202001/t3533806.htm.

反映小范围群体内部的共性诉求以及群体与群体之间较难调和的矛盾。这其中，居民针对小区物业提出的诉求较多，检索 7 日内的信息（2020 年 9 月 6 日到 2020 年 9 月 12 日）共有 721 条关于"物业"的留言，值得一提的是，"物业管理"同样也是 2019 年全年留言量最多的内容（共计 1.54 万条）。[①]有许多居民反映所在小区物业的服务管理差，小区存在路面脏乱、垃圾堆放、车辆乱停以及绿化带等社区环境问题。也有居民的留言内容聚焦小区的门禁、电梯以及监控系统等安全问题以及停车费和物业费等费用收取上产生的矛盾问题。除此之外，这里所说的群体也包括特殊职业的集体诉求，比如农民工的欠薪问题以及残疾人群体的出行保障等。

（3）区域发展留言。这一类型的留言是以城市的局部区域或者区块来定义的，大至功能区的区域发展、小到街道或社区外部环境的规划设计。另外，市民较多关注生活区域内施工的精细化、工地噪声管控、道路清洁、街道绿化、交通运输设施以及红绿灯设置等，更加重视自身的体验与感受以及所生活地区的市容市貌。这其中，有关公交车以及轨道交通的设计规划及运行问题占据了区域发展留言的主要位置，比如远城区公交车开班晚和收班早的问题造成了该地居民日常出行的不便，而自家门口附近的地铁线路规划与建设进度也是市民经常留言咨询的内容。

（4）城市宏观发展留言。这一类型的建议相比于前面三种数量较少，"留言内容有点像市委书记和市长操心的城市宏观发展规划问题"（受访人 B，访谈时间：2020 年 7 月 30 日）。这一类留言涉及城市的规划布局、文脉传承、城市形象塑造、城市竞争力以及对外影响力打造等方面的内容。例如，2020 年 9 月 12 日（查询码：867490）市民周先生提出了在武汉长江两岸修建观光缆车的建议："建议在汉口历史文化风貌区——武昌滨江商务区间修一条览大开大合江湖气魄、瞰绵延天际大

---

① 《长江网·武汉城市留言板 2019 年度报告发布》，详情请见：http://news.cjn.cn/wsqzgzb/lybrd/202001/t3533806.htm.

城风范的空中缆车。让游客能三维立体式游览武汉，同时可以作为空中通勤车，让市民游客（在）饱览城市风貌同时（可以）改善交通出行方式……缆车不同于长江大桥，只要合理安排点位，优化结构设计，是能降低营造成本（的），同时也可以作为武汉重要的文旅项目进行盈利……武汉的高楼众多，连绵高楼扮靓长江主轴，可以结合高楼建造（如楚商大厦），在高楼上设置缆车驿站，一方面可以降低武汉写字楼空置率，另一方面可以撬动如餐饮、创意、文化、摄影（的）等产业，提升武汉软硬实力。"这一提议很快得到了武汉市文化和旅游局的反馈，并表示会将建议向有关部门和专家推荐汇报。

通过对四种留言内容对象的分析，可以发现公共议题与私人议题正呈现融合的趋势，诚如哈贝马斯所说，公共领域由汇聚成公众的私人所构成，他们将社会需求传达给国家，而其本身就是私人领域的一部分（哈贝马斯，1999：201）。很多留言如小区议题既有公共性又满足留言者的私人利益。其中，开发商信息公开、物业服务质量、业委会运行水平、公共监督等方面等内容的提出，反映了广大居民对基层治理的积极参与，以及对美好生活的期盼。相比于这些纷繁复杂的私人议题，"城市留言板"也希望网民能够发表更多涉及公共议题的留言。"对于治理武汉这样的拥有 1000 万人口的超大城市，仅仅依靠各级党委职能部门的行政人员还是远远不够的，需要发动群众的智慧来处理城市治理中的各种细小环节。"（受访人 A，访谈时间 2020 年 10 月 20 日）

除此之外，建议性留言（区域发展留言和城市宏观发展留言）相比于前两者诉求留言（个体诉求与集体诉求）更趋于理性。诉求留言往往带有个人情绪的发泄，这类似于西方学者所提到的带有强烈主观性的"草率意见"，它们往往不是理性和聚焦的话语。不过这种偏个体或小群体范围内的诉求形式，更能激发网民参与到与政府部门的讨论与协商中，他们透过自己建立的话语主体身份，实现一种积极的信息生产。而更大规模对象的宏观建议更能促进受理单位的理性讨论与协商，新媒体

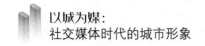
大大扩展了理性批评性协商的机会，理性批判性的协商是必要的，它超越狭隘的个人意见而形成集体的政策偏好（Lewis，2013）。

（三）政民协商模式和响应机制的树立

上文我们讨论了"留言板"的留言内容中公共性与私人性的关系，接下来将从"留言板"的运作流程来讨论其协商模式。与传统的公共论坛不同，"留言板"不仅是媒介平台，它还充当"二传手"将网民的留言分配到相对应的职能部门手中（见图6-3）。网民注册登录武汉城市留言板后，可以根据留言内容选择办理单位、主题类别及留言领域，输入留言内容并提交；"留言板"的工作人员会对留言的内容进行初步把关，并将其分配给符合办理留言内容的政府部门和单位；武汉市122家职能部门和单位，会对相应的留言内容进行办理，并将办理结果通过城市留言板以及电话告知的形式反馈给留言的网民；网民如果对反馈结果满意，一条留言的协商流程结束，反之则要进行二次办理和反馈。

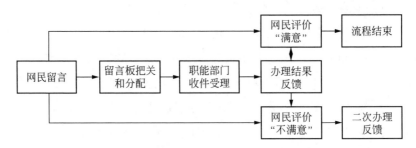

图 6-3　武汉城市留言板的协商流程图（笔者自绘）

武汉城市留言板的运作流程更贴近于响应式协商机制，它能弥补民主协商机制带来的缺陷，这些缺陷包括碎片化的公共议题、非理性网络话语、网络暴力以及个人隐私的侵犯。法国学者西蒙（2015：18）认为，权威的本质性功能是确保一个联合起来的群体的联合行动。一个旨在实现一种只能通过共同行动才可能得到实现的共同善的群体，其行动必须通过某个恒定的原则而被统一起来。这个原则正是我们所谓的权威。响应式协商一方面听取网民的意见来提升服务质量；另一方面试图将线下的科层管理模式延伸至线上。它是对公共协商效率的有效回应，政府必须通过权威性决策来实现。因此，本章接下来将讨论武汉城市留言板在充当政府与市民协商媒介时是如何树立权威的。

第一，市民留言前需实名注册，留言内容需由后台审核后呈现。"留言板"的平台注册并不像其他网络平台只需社交媒体账号绑定就能完成，还得输入手机号、短信验证码、昵称和密码。除此之外，注册时还需要填写个人的姓名与身份证号（这两者只对"留言板"管理员可见）。相对的限制不仅体现在平台注册上，更体现在后台管理员对于留言内容的把关机制上。与大众媒体的把关类似，"留言板"也存在内容的"把关人"，只有符合群体规范或把关人价值标准的信息才能进入传播渠道。正如韩炳哲（2019：29）所说，对于政治交流而言，也就是策略性交流来说，保密是必不可少的组成部分，"如果一切信息都立即公开，那么政治将不可避免变得短暂而短命"。

留言板把关认可通过的最基本的条件是留言内容的表述要清晰，即具备基本的时间、地点和事件等内容。网民的留言并不是不加限制地出现在平台上，网上公开的《武汉城市留言板管理条例》中对严格禁止的内容有清晰表述：

"反对宪法确定的基本原则的；危害国家安全，泄露国家秘密，颠覆国家政权，破坏国家统一的；损害国家荣誉和利益的；煽动民族仇恨、民族歧视，破坏民族团结的；煽动非法集会、结社、游行、示威、聚众扰乱社会秩序的；破坏国家宗教政策，宣扬邪教和封建迷信的；属于人大、法院、检察院职权范围内的来访事项，已经进入司法程序或已经办结的；已经在本栏目受理或正在办理的或已经复查复核依法终结备案的；对人民法院生效的民事判决、裁定、调解书不服的；散布谣言，扰乱社会秩序，破坏社会稳定的；散布淫秽、色情、赌博、暴力、凶杀、恐怖或者教唆犯罪的；侮辱或者诽谤他人，侵害他人合法权益的；以非法民间组织名义活动的；包含种族、肤色、性别、性取向、宗教、民族、地域、残疾、社会经济状况等歧视内容的言论和消息。"①

对于某些特殊的留言内容，"留言板"会采取半隐藏不公开的形式呈现，即其他网民不可见，仅留言发布者和办理机构可见。"这一类留言以争议性的敏感信息为主，比如容易引起市党委和政府舆情争议的内容、过于个人化的信访问题、涉及提供黄赌毒治安线索的内容、未经核实的针对个人的举报以及灌水式的重复信息等。"（受访人 B，访谈时间：2020 年 7 月 30 日）

政府在使用互联网技术为公众开放一定互动空间的同时也在强化控制，这是出于自身持续掌握公众偏好、政策结果等治理信息的需要，或管控公众意见与不满，而非仅仅只是满足公众需要（Han & Jia，2018）。在一些特殊的时间段，"留言板"也会适当提高把关标准或对过于负面的留言采取隐藏措施（受访人 C，访谈时间：2020 年 7 月 15 日）。

第二，武汉城市留言板只允许网友与职能部门一对一对话，不支持围观网友参与讨论。从传播方式来说，"留言板"的"留言—回复"模式与传统的公共论坛有较大的不同。城市留言板的工作人员将自身定位为"问题导向型"的论坛，聚焦于社会和民生中的集体诉求与个人诉求；而时下的 BBS 论坛多半以兴趣为导向（如旅游、体育、游戏或文学）等，诉求在其中只是很小的一个板块（受访人 B，访谈时间：2020 年 7 月 30 日）。

虽然都属于网络公共空间，但与公共论坛相比，"留言板"除了网民发言外，还有办理和反馈机制。不过，目前平台还不具有公共论坛的

---

① 《武汉城市留言板管理条例》，详情请见：http://liuyan.cjn.cn/help.

广泛互动性，即网民之间不能互相评论，"因为有一些围观网友并不完全了解留言中的事项，其潜在的不理性言论容易扰乱职能部门的客观办理"（受访人 A，受访时间：2020 年 10 月 20 日）。这种一事一议的模式能最大程度解决眼前的现实问题，但不允许网友就某一特定留言来集思广益地跟评讨论。比如，澳大利亚的"公民议会"的试验表明，当公民被赋予控制议程的权力时，他们会提议讨论许多问题，却无明确的焦点（He，2014）。因为充分的协商虽然包含广泛的言论自由，但也不可避免地增加了信息有效性传达的难度。

这一套受理、办理、回应的过程，也是纾解群众负面情绪的过程，会将很多矛盾化解在萌芽状态。例如，2020 年 9 月 11 日（查询码：867066）有网友反映希望不要再种植梧桐树作为行道树，因为它结的果球会影响卫生环境以及人的健康。市园林局回复道："近年来我局推进大树补植补栽工作，已经选取少果少球的梧桐加以种植，也会加大樟树的种植力度。"

针对为什么不采用跟评模式，"留言板"办理组负责人表示："2018年 4 月我们曾尝试采用跟评功能，但跟评内容中百分之六十都是针对政府的恶意批评，且我们目前也不具备机器过滤的条件。"（受访人 B，访谈时间：2020 年 7 月 30 日）这间接阻碍了城市留言板向更广泛的民主协商机制转化的动力与愿景。因为相对于民主式协商所强调的充分讨论，权威式协商的规范秩序和目标是改善治理、强化权威，对公共舆论负责位居其后（He，2014）。

第三，政府单位和职能部门亲自办理和回复留言内容。传统的公共论坛需要版主来维护板块的内容，并积极回复板块下网友的留言与评论，其互动更侧重于激发网友参与讨论，但内容并不具有权威性和准确性。而武汉城市留言板的留言内容受理方来自武汉市各级党委政府部门的 122 家部门和单位，他们拥有审批权、执法权，并履行内部监督、工作指导和公共服务职能。[①] 这些受理方大多拥有自己的工作专班和专职办理反馈的工作人员，他们在受理反馈过程中会有一套自己的工作机制，一些重要的留言受理会经由受理方党委（党组）及相关部门层层审核后才能反馈回复。"他们的每一次留言回复实质上是一次政务发布，每一个办理人员都是代表其职能部门的'新闻发言人'。"（受访人 A，访谈时间：2020 年 10 月 20 日）

网络公共领域在政策制定过程中的影响力不仅取决于利益相关市民的在线参与，政府对在线政策辩论的反应也很重要（Dekker & Bekkers，2015）。只要一个共同体的福祉需要一种共同行动，那么此种共同行动的统一性就必须通过该共同体的一些更高级的机构来加以保障（西蒙，2015：34）。而相关职能部门的回应恰好充当了此种保障性机构的作用。有研究认为数字政府治理的"回应性"在内容上至少包含两个基本维度：事实回应和价值回应（李慧龙、于君博，2019）。

事实维度的回应主要是把政策、法律、制度、科学规范等作为变量来解释公众所关心的问题，其目标是有依据、高效率地解决问题并充分告知结果。例如，2020 年 9 月 7 日（查询码：862579）有网友留言咨询税务问题："满五唯一，双方都是唯一房产，父亲过户给唯一子女，需要交多少钱，新规定出台的意思是不用交契税了吗？谢谢告知。"国家税务总局武汉市税务局的税务人员依照相关政策回复了该条留言，"根据官方文件（财税字 [1994]020 号）和（财税 [2016]23 号）规定，留言的网友符合个人所得税免征规定，但要按房屋面积缴纳相应的契税"。

而价值维度的回应则主要是把不同社会价值间的冲突与平衡，如效

---

① 具体而言包括全市13个市辖区和4个功能区(江岸区、江汉区、硚口区、汉阳区、武昌区、青山区、洪山区、汉南区、蔡甸区、江夏区、东西湖区、黄陂区、新洲区、东湖新技术开发区、武汉经济技术开发区、东湖生态旅游风景区和武汉新港)、52 家政府部门（如市房管局、市交通运输局、市人社局和市文旅局等）、28 家法检单位和市属国企（如市中级人民法院、市检察院、武汉移动公司和汉口银行等）、10 家群团组织（如团市委、市妇联和市文联等）和 16 家市委系统单位（市委组织部、市委宣传部和市纪委等）。

率与公平、安全与自由、眼前利益与长远利益、局部利益与整体利益等，作为变量来解释公众所关心的问题，其目标是最大化地获得公众的理解与信任，在形式上表现为对问题的不同解决方案间的平衡与妥协、心理补偿以及结果协商等。例如，2020 年 9 月 7 日（查询码：862166）有市民留言希望能够更改武汉马拉松的线路，认为武汉马拉松线路只包含汉口和武昌，对于同属武汉三镇的汉阳区来说不公平，希望将汉阳区滨江绿道和墨水湖绿道纳入武汉马拉松线路中。对此，武汉市体育局回应：武汉马拉松线路的审定，主要是由竞赛组织部门、公安、交管、卫计等相关单位进行非常严谨的勘察规划，不能擅自随意更改；近年来，每年下半年会举办"汉马姊妹赛事"——武汉女子半程马拉松赛事，其赛事所有赛道都设置在武汉市汉阳区区域，有针对性地对汉阳知音文化、地理人文进行全面的展现。

由此可见，并不是所有的市民诉求都能得到及时的解决，针对不同利益和价值间的冲突，办理部门也需通过理性沟通的方式来回复那些无法满足少数市民特定需求的留言内容。

（四）考核机制驱动线上办理反馈

以往关于我国网络问政的研究，大多认为政府部门为了确保自身利益，采取有选择性地回答或解决市民诉求（张丙宣，2011；马中红，2015；李锋、孟天广，2016）。自古以来，中国所有的协商都需要一个集中权力去处理协商中出现的分歧，这些是支撑权威式协商机制运转的文化基因。对社会而言，重要的是解决问题和冲突，单纯鼓励表达只会产生越来越多的不同意见（胡泳，2010）。新媒体民主潜力的真正考验是，它是否产生了纵向问责机制，公民据此对公共政策的实施提供反馈和约束（Lewis，2013）。"留言板"作为一个中介平台沟通了市民与职能部门，它既对网民留言的内容加以把关和调配，同时也对职能部门的反馈时效和质量具有约束力。平台规定从网民提出诉求到最终完成反馈一般不能超过 9 个自然日。"我们提倡资讯类留言 1 日回复、公共服务类留言 3~5 天回复。如办理部门遇到没有权限解决的留言可以向市政府办公厅请示申请多部门沟通协调解决,最长的申请延期的极限是 60 天。"(受访人 B,访谈时间:2020 年 7 月 30 日)

为了真正能将为民服务落到实处,武汉市采取了多种形式来考核职能部门的办理与反馈工作,包括投诉率、按期办结率、群众满意率以及办理时效等。在 2018 年 5 月,《武汉市委加强基层党员干部作风建设若干规定(试行)》出台,这是武汉市首部党内法规,为武汉推动全面从严治党向基层延伸提供制度支撑。这部法规两次写到"城市留言板",其中包括:"充分运用'城市留言板''市长热线''随手拍'等平台,及时发现基层党员干部作风问题,对群众信访举报件,认真受理、分类移交、快速处理";"综合运用网络评议平台、城市留言板、市长专线等,组织服务对象进行实时评议"。除此之外,在武汉市全市考评的"四张成绩单"(推动发展、深化改革、维护稳定、从严治党)中,网上群众工作占"从严治党"成绩单分值,每个季度都要从武汉"城市留言板"提取数据作为考评依据;而武汉市治庸问责办将武汉城市留言板纳入 2018 年全市作风建设"双评议"工作体系,作为日常数据评议的打分依据,在 1000 分值中,留言板和市长专线共占 200 分(杨文平,2018)。

"留言板"这种走向"前台"相对公开透明的处理模式,打破了传统政务平台"后台"点对点处理模式,给各级党委政府部门带来了无形的压力,倒逼各机构快速高质量办理。例如,2020 年 9 月 6 日(查询码:860733)有网友发留言投诉:"我老公在某押运公司上班,已经凌晨 1 点 20 分了,还在外面加班,严重超出了下班时间,希望有关部门能重视。"

市总工会于当天回应了这条留言:"您反映加班的问题,我会通过电话与您进行沟通。您们夫妻双方都有工作,小孩还小需要看顾,因工作有时需要加班,确实很辛苦,双方之间要加强沟通,共同承担家庭责任，如确实顾不过来，建议您们与单位沟通，适当调整一下加班时间，希望对您有所帮助。最后感谢您对工会工作的关心和支持！祝您家庭幸福，生活愉快，身体健康！"

可以看出，职能部门在反馈留言时会主动使用"您"这类敬语，回应的话语也以谦和、体谅的口吻呈现，结尾时还会对网友送出祝福，以此来获得留言网友的"满意"评价。由于城市留言板采取的是双向监督模式，办理部门可以对网民的"不满意"评价进行申诉，"通过办理单位党委（党组）的红头文件来提交情况报告，申请将某条不满意评价不纳入最终的考评体系中"（受访人 C，访谈时间：2020 年 7 月 15 日）。

不过，这种治理驱动协商的机制容易造成潜在的问题和矛盾。不少职能部门针对网友的留言，采取"重回复轻治理"的应对措施。这一类问题集中体现在两个方面：一方面有些部门长期用一模一样的话语路数来回复网友提出的不同诉求，甚至直接复制粘贴别的部门的回复反馈，这通常表现为回复内容的"答非所问"；另一方面，有些部门采取虚假回复的方式，骗取了网友的"满意"评价后就将留言诉求搁置，并没有真正从深层次解决矛盾和问题。"我们留言板会有专门的回访人员抽查这类'重回复轻治理'的现象，但因为留言办理量太大，并不能杜绝这类现象的发生。"（受访人 A，访谈时间：2020 年 10 月 20 日）

除此之外，由于留言内容是根据职能部门进行分配的，所以有些需要多部门协同的诉求并不容易被及时和妥善地解决。比如，2018 年 8 月至 2020 年 8 月一共有 9 条留言内容涉及新洲区阳逻陈家冲的垃圾焚烧场二期扩容问题，先后有市城管委、市国土规划局、市环保局、市环投集团以及新洲区政府对相关留言内容进行回应，由于该问题包含土地规划、城市管理、环境保护以及辖区居民利益等多重因素，因此依靠某一职能部门的力量并不能成功办理。值得一提的是，一些两区或多区交界的"插花地带"产生的矛盾，如两区交界处的道路破损和维护问题也会引发责权分辨不清以及职能部门相互推卸的现象。

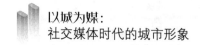
六、本章小结

在城市中，居民通过地方认同来树立城市形象的权威性与合法性。市民的身份认同与地方文化及城市形象存在着复杂勾连的关系。良好的城市形象能够促进市民地方认同的建构，同时市民的地方认同也会促使他们参与塑造城市形象。要实现这种良性循环，有赖于城市的可沟通性保证城市与市民、市民与市民之间的通畅交流。智慧城市理念将计算机通信技术嵌入城市结构之中，重构了市民的公共生活方式，具体表现为日常生活方式的媒介化、传统社区共同体的瓦解以及公民参与方式的转变。

在智慧城市中，对城市形象传播影响最大的是城市信息网络，因为它代表虚拟空间的公共参与和社会交往，体现了传播的社会属性。因此，本章提出要探索智慧城市的数字沟通模式，重点体现在三个维度：信息交换和数据收集、数据应用和城市治理以及线上参与和公共协商。在数字沟通体系中，城市实体空间与虚拟空间的边界被打破，人、技术和社会三者之间的关系被重塑。城市需要搭建公共数据平台，树立科技向善的价值取向，同时要培育普通市民的数据素养。

本章以武汉城市留言板为例来考察城市网络公共协商的新模式。作为沟通市民与职能部门的网络中介平台，它允许市民与相关职能部门进行协商沟通。为了树立权威，"城市留言板"要求用户实名认证，并对市民的留言内容进行审核与把关，而对于特殊的留言内容，它允许平台正常办理但只对该条留言的发布者与办理者公开；"留言板"只允许市民与职能部门一对一双向沟通，不支持围观网友就某一特定留言进行跟评讨论；在"留言板"上，职能部门的工作人员会亲自参与论坛对话，直接办理与回复网友留言，展现了信源的权威性。综上所述，本章有关提升城市形象路径的建议可以归纳如下：

——依托大型科技公司，搭建可计算、可理解、可沟通的城市数据中心。

——在建设智慧城市过程中，积极引导互联网科技公司重视社会责任。

——搭建网络公共协商平台，推动普通市民参与城市治理和社区治理。

——培养市民的数据素养，帮助更多市民（尤其是老年群体）享受智慧城市带来的便利。

——及时回应市民的互动内容，提升市民的主人翁意识与地方效能感。

——对于市民的合理诉求或具体意见，依托大数据平台分配到城市相关部门来落实解决。

第七章
用户生产城市影像

一、城市形象与视觉文化

正如第二章和第四章所述，人们过去想了解一座城市只有两种方式：前往该城市亲身体验以及接收大众传播的信息。在这些信息中，以影像为代表的视觉要素占据了主流。这些视觉要素包括电影、电视、广告、摄影、形象设计、体育运动的视觉表演、印刷物的插图等，我们可以举出无数例证，证明一种新的文化形态业已出现，有人形象地称之为"读图时代"（周宪，2001）。国内学者周宪归纳了视觉文化的三种存在形态：景象、图像和影像。除了我们第二章已经讨论过的城市景观以外，图像和影像也是城市形象主要的视觉文化单元。图像指的是一切二维平面静态存在的形象；影像则是电影、电视等形象类型，也包括数字化和影像技术发展出现的网络视频（周宪，2014）。

约翰·伯格（John Berger）曾说，影像是重造或复制的景观。这是一种表象或一整套表象，已脱离了当初出现并得以保存的时间和空间，其保存时间从瞬息至数百年不等（伯格，2007：3）。1839年，达盖尔（Louis Daguerre）公布了新摄影法——银版照相。这项发明颠覆了所有关于光学与视觉的科学理论，给图画艺术带来革命。他制作了一种"可以使物体脱离现实的、固定的和长久的印象"。这标志着绘画的死亡

（克拉克，2015：11）。具有机械复制技术的摄影，是基于化学和工业过程所生产的图片。摄影业最为辉煌的成果便是赋予我们一种感觉，使我们觉得自己可以将世间万物尽收胸臆——犹如物象的汇编（桑塔格，2005：13）。

　　早期的摄影与城市空间发生着亲密而富有张力的关系：城市随着时间不断流动与变化，而摄影师则贪婪却徒劳无功地试图捕捉下它的幻象。[①] 上面提到的达盖尔在 1838 年拍摄的《巴黎寺院街》（见图 7-1）是一幅早期的都市影像，它因一种精彩的调整方式的运用，而具有了明信片的性质，反映了银版照相法技术下的世界。摄影本身产生于城市和工业发展的历史时期，城市与工业的发展给都市环境带来的影响，激发了文学艺术做出强烈的反应。在伦敦、巴黎和纽约这样的城市，体现尤为明显。摄影产生于这个过程，而且不断发展壮大，同时回应了都市生活与经验的多样与复杂，以及怎样体验和再现都市空间的问题。总之，这种回应总是涉及城市形象与经验的视觉复杂性（克拉克，2015：81）。

图 7-1　达盖尔的《巴黎寺院街》（1838）

---

① 丘濂，吴思：《如何在影像中建造一座城市？》，《三联生活周刊》2021 年 12 月
　 3 日，详情请见：https://mp.weixin.qq.com/s/m4q4wSObcU4n1Tw6kCqDcg.

早期的城市摄影主要聚焦于横纵两种城市景观,纵向指的是以摩天大楼为代表的地标性建筑,横向指的是以街头人物为代表的街头摄影。一个城市总是根据其地标性建筑和不同等级的视觉图像来确立自己的形象,以前是教堂的尖顶和塔楼,现在则是摩天大楼。照相机追随这些建筑,这些图像仍然是我们旅游地图的基础,我们通过城市构造我们在都市空间中的个人地理。与此相对的是街道,以及与其互动的水平空间。街道的水平空间伴随着城市的混乱、杂乱和发展进程,也体现着城市的多样性、差异性和(有时存在的)危险性。它暗示了人的尺度而不是一个理想的景象(克拉克,2015:82)。

图7-2　汤姆森的《独立的擦鞋匠》
（1876）[1]

当时,摄影对于街头人物的连续性关注,是绘画或插画无法实现的。这些照片试图向观众传达一种生存方式,一种被漠视的生命。例如,汤姆森拍摄伦敦的穷人《独立的擦鞋匠》(1876)(见图7-2)让人物有自己的独立性,至少可以根据照片判断出他们的生存方式。再比如,"街头"人物的典型表现是沃克·埃文斯的《地铁肖像》(1938),它是关于纽约地铁人物的摄影。埃文斯用隐藏的照相机拍摄出这些直白的形象,他们暗示了一种强烈的空虚和无聊的感觉。他们是城市里的人,都是底层和无助的人。黑白照片暗示了冷漠的灰色,完全不同于同一时期纽约画家创作的更有活力的形象。但他们都同样创作了那种都市孤独

---

① 图片来源于克拉克所著《照片的历史》第92页。

与隔离的形象。讽刺的是，他们都表现了"底层的"街道。他们表现了城市的隐秘条件，人们被隔离在一个隐秘的地方（克拉克，2015：93）。

不过，真正使照片有别于其他技术性影像的特征当属其流通性。照片是一个静止的、沉默的表面，耐心等候通过复制手段来扩散。对于这种扩散而言，不需要任何复杂的技术装置，照片就是纸片，可以从一人之手传至他人之手。正如弗卢塞尔所言，照片是默不作声的传单，通过复制手段来流通，实际上是借助庞大的程序化流通装置的"大众化"途径来流通（弗卢塞尔，2017：45-48）。随着数字技术的发展，动态影像（电影和电视）取代了静态图片成为人们认识某个地方的重要渠道之一。电影不仅能呈现出相似的地方形象，并且能给地方形象带来更多的关注度。许多地方因为电影的原因而获得了国际声誉，比如巴黎之于《天使爱美丽》（2001），英国东北部之于《哈利·波特》系列电影，泰国的普吉岛之于《海滩》（2000），波斯顿之于《心灵捕手》（1997）。

在国内，城市作为一种审美意象成为电视剧影像叙事的组成部分，它涉及的不仅是自然风光、地标景观、环境空间等物质形态，更承载了一座城市的历史文脉、文化底蕴以及城市精神（杨怡静，2016）。早期的电视剧城市叙事主要聚焦在两个方面：一方面，用平民化的叙事策略讲述故事，贴近百姓的日常生活，从平凡的生活中探寻人生的价值意义，比如，电视剧《渴望》和《北京人在纽约》等以平民化视角讲述都市人的情感及生存际遇；另一方面，一批电视剧作品聚焦我国政治经济体制改革所引发的"创业潮""打工潮"等问题，如《山城棒棒军》反映的城市劳动密集型产业成为最为典型的影像书写对象（杨怡静，2017）。

总体而言，千禧年前后的城市影像主要表现为以电影和电视为代表的视觉文化，其再现了城市景观及市民精神。借助王志弘（2003）的表述，可以将城市与视觉再现的关系总结为四个方面：①"真实"或"虚构"城市的再现（如电影或广告中的城市形象）；②城市本身就是一种

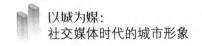
再现系统（视城市为文本的组合或表意模式）；③借由再现来构筑城市
（透过再现来操弄城市的意义、功能与认知等）；④符号化的城市所召唤
的再现效果（城市或城市某部分作为象征符号，如"棒棒"作为城市底
层的代表）。

二、城市宣传片与官方形象生产

（一）城市形象片：一种自上而下的宣传影像

随着城市现代化竞争日趋激烈，城市管理者期望树立独特的城市
标识来寻求差异，如市花、市树、城市口号以及城市吉祥物等。作为典
型的视觉名片之一，城市形象宣传片成为地方政府提升城市知名度和美
誉度的重要手段。一般而言，地方政府会规定城市宣传片的核心理念并
提供资金支持，而主流的电视台会负责拍摄制作以及作品展播等流程。
我国的城市宣传片兴起于 20 世纪 90 年代末期，1999 年山东省威海市
在中央电视台投放的《威海，China！》被视为城市形象宣传片的开端。
这次尝试使全国人民记住了威海———座海滨宜居城市。这种鲜明的差
异化宣传主题，为威海带来了众多游客和可观的经济收入。

城市宣传片中一般包含两种图像符号：城市中的人物以及城市景
观。城市景观包括自然景观、人文景观以及城市基础设施。宣传片中还
有文字符号，它起到辅助图像符号并完善意义的功能。文字符号经常以
片头的宣传片名、片尾的宣传口号以及片中画面下方讲解词及对主要景
观画面的注释这几种形式出现，它们对片中内容做辅助性的介绍（单文
盛、甘甜，2016）。除此之外，地方曲调以及方言等作为声音元素能烘
托宣传城市的地方特色。而地方代表性人物的选用，可以使城市宣传片
更具国际化视野与品牌知名度，如以前上海和武汉的城市宣传片中出现

的姚明与李娜都是国际性体育明星的代表。

正如上文所言，在城市宣传片盛行的大众传播时期，地方政府是城市形象的规划者，地方电视台是执行者，而受众主要是通过电视机广告以及 PC 电脑端的视频网站来观看。大众媒介时代城市形象片的重点在于"脱域"，所谓人在家中坐，走遍全世界。这个所谓的"走"，是指影像的移动，影像传输将远距离世界带入人的视野中，"脱域"是作为表征的影像带给人的一种虚拟状态。人未动，仍然处于固定的位置，并没有脱离地域。因此，城市形象宣传片就是此种"脱域"的典型状态（杨怡静，2021）。

（二）城市形象宣传片的特征

1. 大而全的拍摄取景

早期的城市形象宣传片以广告的形式来呈现，因此城市管理者往往希望展现当地所有值得传播的元素。比如，著名的成都宣传片《成都，一座来了就不想离开的城市》中，张艺谋导演借助一个男人为了探寻奶奶的梦想来到成都，用 DV 拍下自己的见闻以及自己对成都这座城市感受的画面，让人对成都的古与今、动与静有一个形象的概念。片中囊括了成都的高楼大厦、车水马龙、川剧、火锅、茶馆、酒吧、宽窄巷子和春熙路等元素，几乎覆盖了当时成都所有的城市意象，成功诠释了成都"休闲之都"的城市形象。

除此之外，城市宣传片在拍摄视角上会大量使用航拍、俯拍以及全景广角镜头，以城市高点对地标建筑、旅游景点以及基础设施进行全面的展现，利用城市外在形象元素进行内容构建，注重呈现内容的高大上与全面性（段文钰，2019）。比如 B 站上播放量第一的上海城市形象片，通过大量的广角航拍以及延时摄影展现了上海作为现代化大都市的繁华，甚至在 Youtube 上赢得了外国网友的广泛关注。

2. 偏向宏观叙事

除了拍摄方面呈现大而全的特征，城市宣传片在内容呈现上也偏向于宏观叙事。创作者往往从高处整体记录城市的基础设施成就以及高速的交通流动。换句话说，传统城市宣传片追求的是一种奇观化的宏观叙事。一方面，借助于先进的拍摄技术和后期处理，建构有别于日常生活场景的景象奇观。另一方面，使用"舞台式"的夸张表演来呈现城市文化要素，构成日常生活的文化奇观。例如，《相见在武汉》（见图 7-3）是疫情之后武汉市文化和旅游局推出的城市形象宣传片。片中不只包括了江滩、东湖、黄鹤楼和长江大桥等地标建筑的航拍，也吸收了许多城市日常生活的镜头，如坐轮渡、逛寺庙、赏夜景、吃早餐、漫步里弄、湖边写生、全家郊游以及听音乐会等。不过，宣传片并不是通过微观讲故事的方式呈现，而是从宏观层面将美好的瞬时镜头拼接起来。

图 7-3 武汉城市宣传片《相见在武汉》视频截图

3. 基于事件性传播

就国内而言，许多城市形象宣传片是基于城市大型事件的副产品，起到配合事件营销并扩大影响力的作用。例如，《你好，双奥之城》是北京冬奥会的城市宣传片，镜头从 2008 年北京奥运会的建筑遗产——奥林匹克塔和国家体育场（鸟巢）开始，转向了 2022 冬奥会的场馆国家速滑馆（冰丝带）、首钢滑雪大跳台、国家游泳中心（冰立方）；从京张高铁呼啸而过，跳转到滑雪、滑冰以及雪车雪橇运动员在赛场驰骋；由群众体育转向了北京的城市风貌。值得一提的是，宣传片通过五言诗的形式[1]，来搭配北京的城市景观和市民生活，从而凸显"双奥之城，城市之光"的主题（见图7-4）。

图7-4　2022年北京冬奥会城市宣传片视频截图

（三）城市形象宣传片的缺陷

从上文来看，城市形象宣传片所选择的拍摄场景多为地标建筑、旅游名胜以及山水风光等地理坐标，注重于展现城市的外在特色。但这一叙事常常忽略了普通市民的市井生活，使城市宣传片沦为超越日常的精英化书写。值得注意的是，如今国内二三线城市的建筑、广场、雕塑、街道以及交通的外在形象趋于同质化，而宣传片追求一种肉身难以捕捉的视觉奇观，让人感觉过于抽象且不接地气。换句话说，这种突出城市地理风貌的宏大叙事过于展现城市的历史文化景观和现代化规模，从而忽略了城市中普通人的生活细节与真实经历。在传播效果上，这类的城市形象片更像是吸引外来游客的旅游宣传片，难以彰

---

[1]　五言诗的全文为：北京再相逢，穿越中轴线。四季绽风华，碧波展灵韵。绘声知万象，城市漫游记。寻味鉴食尚，京城十二时。通达迎宾客，潮见八方客。科技添动力，冰雪聚热爱。

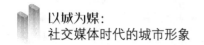
显本地市民的共同情感和地方认同。人是城市的主体，一方面人的性格特质来源于城市地域环境的养成；另一方面，城市的地方特色以及气韵精神也因城市中的人而体现。所以，如何突出人城互动关系是城市影像需要重点解决的问题。

三、城市短视频与用户生产影像

（一）城市短视频：一种自下而上的参与文化

影像技术的发展总是从少数精英过渡到平常百姓。1888 年问世的柯达相机是一种小照相机，只有 1/25 秒这一种速度和固定焦距。它有两点显著意义：价格相当便宜，容易操作。在之后不到 60 年的时间内，摄影脱离了其早期先驱的特殊领域，转变为最简便和最有效的视觉再现工具之一。它还是最民主的艺术形式，从潜在的意义去认可每个事物和每个人——因为每个事物和每个人现在能被拍摄和被给定状况——容许每个人制作照片，形成个人观看世界的方式及其自身的历史的独特视角（克拉克，2015：16-17）。视频影像也是如此，智能手机的出现使摄像摆脱了传统肩扛式摄像机的局限，每一个用户都能利用自己的手机拍摄和剪辑视频。

用户生成内容（user generated content, UGC）伴随着 web2.0 时代的兴起而进入公众视野，它是消费者表达自身并在网络上相互交流的重要途径。UGC 指的是"用户创造出来的区别于专业渠道和实践的公开性内容"，它是个体化或集体化的生产、改写、分享和消费，并且"被看作用户使用社交媒体的所有方式的集合"（Kaplan & Haenlein，2010）。UGC 所倡导的用户参与运动正好呼应了詹金斯（Henry Jenkins）的"参与式文化"，它"与以前把媒体制作人和消费者当作完全分立的两类角色不同，现在我们可能会把他们看作按照一套新规则相互作用、相互影响的参与者"（詹金斯，2012：31）。在这种融合文化中，新媒体和旧媒体相互碰撞、草根媒体和专业媒体相互交织、媒体制作人和媒体消费者的权力相互作用，所有这一切都是以前所未有、无法预测的方式进行的（詹金斯，2012：30）。

短视频作为移动媒介的新形式，以影像记录的方式代替了传统社交媒体以文字和图片为主的交流手段。短视频应当是网络文化的一种张扬，而不是电视文化的浓缩，因此，在题材选择、表现角度等方面，它都需要打破传统媒体的思维束缚（彭兰，2018）。UGC 短视频的娱乐性正好迎合了年轻人放松减压的需求。从群体来说，智能手机的拥有者大部分是年轻人，拥有大量的碎片化时间，繁忙的工作和生活的压力又迫使年轻人必须寻找一些乐趣来达到娱乐的目的（熊晓明，2016）。短视频实时、方便和快捷的生产制作模式也使以往高高在上的城市宣传片变得不再遥不可及。市民可以成为建构城市形象的一员，扩充和延展城市形象的内在意涵与外在表现。

在城市中，每一个市民都成为拍摄与分享的主体，呈现出了一种区别于大众媒介时代的数字圈自拍方式，孙玮（2020）将其特点归纳为身体在场、即时即地、感官综合、渗透日常以及自我在多重空间中往来穿梭。基于这样的特点，抖音短视频平台与地方政府合作，通过"话题挑战"等线上线下穿梭的实践活动，让用户到城市实体空间拍摄短视频并上传到平台上，实现城市中人流与信息流互相交织的广义传播。本章的案例也将聚焦抖音武汉的话题挑战来检验短视频城市形象的传播效果。抖音城市在网络化的传播过程中，着力凸显两种城市形象建构方式：一是共享，即强调城市不同主体间连接关系的构建，以打造一座空间互连、信息公开、精神共鸣的城市；二是参与，涉及市民对城市的体验，凸显市民对城市形象构建的主体作用，展现民主、开放的城市精神（潘霁等，2020：10-11）。

（二）城市形象短视频特征

1. 碎片化的传播样态

城市宣传片往往只能在一个时间段生产和传播一部几分钟的视频影像，其传播主题、内容和渠道均由官方来设定。而在 UGC 驱动下的城市形象短视频生产中，不同用户用大量的城市符号与日常生活碎片拼接了一个城市虚拟空间的群像。智能手机的普及使每一名普通市民都成为城市形象片的拍摄者与分享者，作为拍摄主体的人与作为拍摄客体的城市融为一体。我拍"城市"转变为我拍"我与城市"（孙玮，2020）。短视频去中心化特质强化了用户规模化聚集效应，验证了"空间碎片"已经成为"现代社会常见的空间形态"，为揭示城市边缘、深入市井街区、反映民风习俗提供了近距离的体验机会与观察视角，更反映了人和社会的结构性关系（路鹃、付砾乐，2021）。

2. 视频内容回归人间烟火

从拍摄内容看，普通用户虽没有专业机构的拍摄器材以及手法，但能够通过主观镜头视角放大城市细节和局部特质，尤其是手机竖屏拍摄能带来更多的现场感。彭兰（2019a）认为，短视频改写城市形象传播，掀起了一场自下而上的新文化运动。相比过去的一些城市形象宣传片，短视频平台为城市形象传播提供了一种全新的手段与思维，它使传播模式从政府主导转变为市民自发，使传播内容从宏大叙事转变为人间烟火。具体而言，百姓的饮食、街边的闲逛和家庭的郊游等微观休闲生活场景都能成为展示真实城市的素材。从政府主导的城市宣传片转向市民自发的城市短视频，一座城市的风格与精神更多从普通市民的个人状态与情感呈现出来。在短视频推动下，城市形象传播也会变得更接地气、更富人情味。

3. 网络迷因式的病毒传播

网络迷因，一般指的是某人或某物短时间内在互联网大量传播，一举成为备受瞩目的现象。短视频拍摄与上传的瞬时性，使众多城市地点及行为纷纷成为网民的网红打卡项目。短视频传播最重要的特质是鼓励拍摄者亲身参与，然后再将这一媒介实践过程上传到虚拟空间而形成病毒式的传播。这种"观看——参与打卡——上传分享——他人观看"的传播循环，不仅能吸引短视频观看者转变为短视频生产者，还能为身体缺席的观者提供重复的虚拟在场的城市体验。因此，外地游客在游览体验某座城市时往往会去同一个地点，拍摄相似的内容，甚至上传视频时选取同样的背景音乐（如《西安人的歌》等）。比如，众多去西安旅行的游客都会前往永兴坊拍摄摔碗酒，这也使它成为当地的著名网红打卡点。

4. 短视频特效的创作

与城市宣传片不同，短视频在剪辑中可以使用不同的特效来凸显用户的个性化需求。例如，抖音在 2019 年年末上线了地标 AR 特效。该特效是基于地点的交互式数字媒介技术，其触发途径是使用者抵达预设地标，利用抖音的全景扫描功能对准该地标，即可通过手机屏幕看到被触发的特效。有研究者对 AR 特效热度前三的地标（凤飞西安钟楼、朋克洪崖洞和上海天空之城）进行研究（见图 7-5），发现地标 AR 特效对于城市意象生成带来的改变：它以一种既具身又中介化的传播方式，重建了人、媒介和城市意象表征对象的联系，对城市意象的表征从"脱域"转向"重新嵌域"；城市意象的生成环境对"无名者"更加开放，赋予普通人书写集体记忆的参与机会，允许兼容城市意象的集体与个体视角；在城市意象的生成过程中连接本地居民、鼓励共同围观，为居民提供了公共交往契机（毛万熙，2020）。

图 7-5　朋克洪崖洞抖音 AR 特效[1]

（三）城市形象短视频的缺陷

相比于城市宣传片，城市形象短视频更加贴近普通市民的真实生活，能够激发普通市民的创作热情。不过，这种基于流量导向的生产模式固然能够收获更多的关注度，吸引更多的游客与粉丝前来打卡体验，但如何真正获得他们的认同，而不仅仅是刺激炫耀性消费，则是一个新的命题。短视频作为当下流行的视觉文化形式，强化了后结构的不稳定性、内容的不确定性和传播主体的可变性。这种打卡快闪的短视频影像其实属于裂变式的叙事方式，它一方面能够给不熟悉的观者提供想象空间，但同时也进一步削弱了外地观者对于城市全景式的认知（路鹃、付砾乐，2021）。短视频平台的初衷是想吸收更多的用户来打造"网红城市"，流量至上使城市的核心体验被放大，但也容易让用户忽略了城市的内涵本真。毕竟，网红打卡行为来得快、去得也快，当层出不穷的网红方式出现时，城市还是需要依靠软实力来脱颖而出。

---

① 图片来源于短视频截图，https://www.douyin.com/user/MS4wLjABAAAAHsBlQp9
FlBhaqToR_mW5kFMxQJHFK8P6n5r1shNw060?modal_id=6754289288214531340.

四、专业用户生产内容：一种共创的影像新模式

上文我们已经介绍了城市宣传片和城市短视频这两种完全不同的影像生产与传播类型，它们都具有鲜明的优点和缺陷。基于此，当下的城市形象传播不能仅仅依靠单一的媒介技术或者传播模式，而应该广泛吸收不同媒介技术以及传播主体的长处。因此，专业用户生产内容（PUGC）共创模式可以发挥更大的效能，因为它既有官方传播中的专业性与全面性，又能激发普通用户参与生产进而实现长尾效应。

在这种共创影像模式中，地方政府是城市形象的定义者、热点的制造者与推动者。城市管理者应该对城市形象进行顶层设计，在深入调研的基础上挖掘独有的历史文化与自然资源，从而强化城市特性。在影像叙事的过程中，地方政府既要集中优势，避免造成资源浪费和热点流失，又要在推广中强化异质性特征，为用户提供更丰富的视觉体验，降低流量为王导向下的同质化风险。

过去的城市宣传片中，地方政府喜欢亲力亲为参与到整个流程制作之中。在PUGC模式中，除了地方政府的引导外，专业机构扮演着重要角色。比如，2019年7月，武汉市委宣传部委托星球研究所推出的《什么是武汉？》，在短短1小时内阅读量超过10万。这篇文章包含大量参考文献和66张精美绝伦的高清大图，兼具宏观大势和微观细节，全方位展示了武汉这座中部中心城市的地理风光、历史人文、基础设施、产业经济以及风土人情等。这些图片有的是团队自身拍摄的，有的是广泛征集的作品，包括向许多武汉本地摄影师征稿。

除了专业机构以外，网络红人（也称网络意见领袖）的作用同样重要，因为他们是社交媒体的影响者，大众对他们有更高的情感依附。短视频平台的强互动特性让用户与创作者产生"准社会交往"关系，当用户对于创作者的欣赏与对内容的喜爱叠加时，视频的内容更能得到广泛传播。因此，地方政府可以扶持网络红人开展城市短视频的创作与分

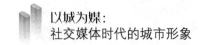

享，这样既能提高视频内容的可见性，又能刺激更多的用户参与到二次传播中来。

五、抖音平台武汉城市话题挑战的内容分析：案例研究

本案例的目标媒体为抖音短视频平台。搜索和选取抖音挑战话题"15s发现武汉"栏目下的短视频，作为研究对象进行内容分析。根据巴比（Earl Babble）的定义，内容分析法（content analysis）是对被下载下来的人类传播媒介的研究。其内容可以包括书籍、杂志、网页、诗歌、报纸、绘画、讲演、信件、电子邮件、网络上的布告、法律条文和宪章以及其他任何类似的成分或集合（巴比，2009：340）。贝雷尔森（Bernard Berelson）则将内容分析法定义为"一种对传播的显性内容进行客观的、系统的和定量的描述的研究技巧"（Berelson，1952：18）。截至2018年10月15日，参与该话题的视频数共计821个。为了更深入地研究抖音短视频的传播效果，本节选取"15s发现武汉"这一话题，筛选其中超过20个点赞量的视频作为研究的目标样本，共计239个短视频样本。

（一）研究设计

1. 类目的建构和说明

编码员在观看239个视频内容后，将单个视频作为编码分析单位，从以下维度设计了编码表。

（1）内容元素。抖音短视频是用户对某类内容进行生产的输出形式，它包含的视频内容呈现多样化。有研究表明，城市形象短视频内容元素呈现BEST法则。在"15s发现武汉"话题中，用户对拍摄到

的城市景观、城市风土人情和个人表演等视频片段进行制作。本节对
内容元素的分类和编码如下：①美食，②人物，③城市景观，④舞蹈，
⑤旅游景点，⑥政府形象，⑦其他。

（2）视听语言。对视听语言的测量，本章借鉴周树华等（Grabe et
al.，2001）和王泰俐等（Wang & Cohen，2009）对电视新闻"感官主
义"（sensationalism）的操作化概念中的三层维度——视觉特性（visual
feature）、听觉特性（audio feature）和编辑特性（editing feature），涵
盖了视频拍摄策略（video maneuvers）和后期制作效果（decorative
effects）两个维度。以镜头为分析单位，在很大程度上关注的是视觉传
播的形式结构上隐含的意义。单就每个镜头的构成成分而言，就可从镜
头视距、摄像机视角和镜头移动等不同方面进行编码，由此来解析每个
镜头的内在意义（周翔，2014：159）。本节将短视频的视觉特性分为拍
摄视角、镜头类别、景别。其中，拍摄视角编码如下：①竖屏，②横屏。
镜头类别编码如下：①固定镜头，②运动镜头，③混合镜头。景别编码
如下：①远全景，②中近景，③特写。听觉特性包括短视频的配乐，具
体编码如下：①有配乐，②无配乐。后期制作效果包括字幕、特效和镜
头剪辑。具体而言，字幕编码如下：①有字幕，②无字幕。特效编码如下：
①有特效，②无特效。剪辑镜头编码如下：①有剪辑，②无剪辑。

（3）叙事方式。叙事模式是短视频释放视觉效果的重要因素，一
般而言，短视频是面向公共叙事的，但是更短小的视频更多面向的是个
人化叙事。个人化叙事指的是公众对自我形象的建构和话语的表达，公
共叙事是对社会公共话题和城市形象等的表述。因此，本节对叙事方式
的编码如下：①个人叙事，②公共叙事。

此外，本案例还记录了抖音用户的基本信息、个人影响力和短视
频的传播效果。第一，抖音用户的基本信息是账户属性，即认证主体的
从属类型，分为普通用户、机构认证、个人认证。第二，个人影响力即
用户自身的粉丝数。第三，短视频传播效果通过短视频的转发量、评论

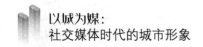
量和点赞量三个维度进行测量。

2.编码员信度检验

本节选取两位编码员进行编码，编码前研究者对编码员进行培训，并对所有类目的编码依据进行了充分的讨论。在熟悉编码流程之后，研究者以系统抽样法选取了 10% 的样本（24 条短视频），让两位编码员进行独立编码，并通过 Krippendorff's Alpha 检测两位编码员的信度（intercoder reliability），最终测得内容要素、视听语言和叙事方式三个层面的信度分别为 0.941、0.953、0.909。

（二）研究发现

研究共收集短视频样本 239 个，上传时间区间为 2018 年 9 月 15 日到 2018 年 10 月 15 日。视频发布者中，普通用户为 129 个（54%），机构认证和个人认证分别为 83 个（34.7%）和 27 个（11.3%）。从发布视频的用户来看，他们自身的粉丝数差别较大，粉丝最多的用户有 360 万粉丝，最少的仅有 10 名粉丝。

1.城市形象短视频的描述性分析

在所有样本视频中，聚焦公共叙事的有 164 个，接近 7 成，远远超过个人叙事（31.4%）的 75 个。在视频内容元素方面（见表 7-1），以航拍武汉风光为主要表现形式的城市景观短视频占 27.6%，多于其他内容元素；聚焦武汉城市旅游景点（19.2%）和手机自拍为主的人物（17.1%）视频比例相近；其次是 27 个舞蹈（11.3%）短视频以及 23 个政府形象（9.6%）的短视频；有趣的是，作为城市形象短视频重要符号载体的本地美食（2.9%）占比很少，只有 7 个；还有 29 个短视频列入其他内容（12.1%），例如社区居民活动、企业广告等。

表 7-1   短视频内容元素的描述性统计

	美食	人物	城市景观	舞蹈	旅游景点	政府形象	其他
数量 / 个	7	41	66	27	46	23	29
百分比 /%	2.9	17.1	27.6	11.3	19.2	9.6	12.1

城市形象短视频的视听语言特征主要体现在镜头拍摄和后期剪辑两个方面（见表 7-2）。在拍摄视角方面，竖屏视角与横屏视角不相上下，分别占 50.2% 和 49.8%；从镜头的运动角度来看，固定镜头和运动镜头分别占 42.7% 和 21.8%，混合镜头（既包含运动镜头又包含固定镜头）的短视频占 35.6%；景别方面，远景、全景的占比最高，达到 54.8%，超过中近景和特写的 30.1% 和 15.1%。结合数据分析来看，与官方主导的城市形象宣传片的视角形式不同，UGC 驱动的短视频更多采用手机竖屏的拍摄视角。相比横屏视频，竖屏视频更加注重特定对象的呈现，尤其是自带垂直属性的背景或物体，适合展示简单直观的场面，通过放大细节带动观众情绪（周逵、金鹿雅，2018）。

表 7-2   短视频视听语言的描述性统计

视听语言		数量 / 个	百分比 /%
拍摄视角	竖屏	120	50.2
	横屏	119	49.8
剪辑镜头	无剪辑	90	37.7
	有剪辑	149	62.3
镜头类别	固定镜头	102	42.7
	运动镜头	52	21.8
	混合镜头	85	35.6
景别	远全景	131	54.8
	中近景	72	30.1
	特写	36	15.1
特效	无特效	194	81.2
	有特效	45	18.8

视听语言		数量 / 个	百分比 /%
配乐	有音乐	209	88.4
	无音乐	30	12.6
字幕	无字幕	177	74.1
	有字幕	62	25.9

短视频的另一个特征体现在后期编辑上。短视频在拍摄后需要经过后期编辑才能成为有意义、高质量的作品。从编辑的内容来看，主要包括导入、剪辑、字幕、音频处理、特效等内容（朱杰、崔永鹏，2018）。结果显示，镜头剪辑方面，有剪辑的短视频比例超过 6 成，而一镜到底的短视频则占 37.7%；有超过 8 成的短视频没添加特效（81.2%），添加特效的只有 45 个（18.8）；有接近 9 成（88.4%）的短视频添加了配乐，无音乐的短视频仅占 12.6%；在字幕方面，无字幕的短视频也以 74.1% 的比例超过了 62 个有字幕的短视频。因此，抖音软件简单化和人性化的剪辑操作方式，大大增加了用户添加特效、音乐和字幕的比例，使短视频在视听语言上富有更多的感染力。

2. 不同账户主体有关内容呈现和镜头语言的差异

目前的移动端城市形象短视频的传播者是以市民公众为主，地方政府和媒体共同参与完成。研究通过卡方检验比较普通用户、机构认证和个人认证用户三者在内容呈现的不同，结果如表 7-3 所示，三类不同账户主体在叙事内容上没有太大差异，且他们都会发布有关武汉旅游景点的内容；相比于个人用户而言，机构认证用户会更多在短视频中呈现政府形象，而普通用户没有上传过有关政府形象的内容；与认证用户相比，普通用户更愿意呈现城市景观的内容，其中包括大量无人机航拍武汉的动感短视频；普通用户还较多参与"全民抖擞舞"的话题挑战，因此他们在舞蹈内容呈现上要多于机构认证和个人认证用户；而个人认证用户因为具有一定的识别度和影响力，他们更倾向于发布自拍的短视频内容。

表 7–3　不同账户短视频的内容呈现差异

内容元素	美食	人物	城市景观	舞蹈	旅游景点	政府形象	其他	卡方
普通用户	2	19	50	16	25	0	17	52.525***
机构认证	3	13	14	9	16	20	8	
个人认证	2	9	2	2	5	3	4	

注：*p<0.1，**p<0.05，***p<0.01。

研究还通过卡方检验，比较普通用户、机构用户和个人认证用户三者在视听语言上的不同。结果如表 7-4 所示，不同账户主体在拍摄视角上存在显著差异，普通用户和个人用户多用手机竖屏拍摄短视频，而机构则倾向于使用专业的摄像机拍摄，因此拍摄视角以横屏居多；不同账户主体的短视频在镜头类别的使用上显著不同，普通用户与个人认证用户更偏向于使用固定镜头拍摄短视频，而机构用户则会更多采用混合镜头，即将固定镜头和运动镜头结合起来运用；在景别上，普通用户较多使用远全景拍摄，而机构用户使用中近景的比例高于其他两者，个人认证用户则倾向于使用特写镜头自拍。

表 7–4　不同账号短视频的视听语言差异

		竖屏		横屏	卡方	df	显著性
拍摄视角	普通用户	72		57	11.114***	2	0.004
	机构认证	30		53			
	个人认证	18		9			
		固定镜头	运动镜头	混合镜头	卡方	df	显著性
镜头类别	普通用户	53	38	38	15.471***	4	0.004
	机构认证	33	10	40			
	个人认证	16	4	7			

续表

		远全景	中近景	特写	卡方	df	显著性
景别	普通用户	85	32	12	27.381***	4	0.000
	机构认证	35	35	13			
	个人认证	11	5	11			
		无		有	卡方	df	显著性
字幕	普通用户	116		13	36.985***	2	0.000
	机构认证	45		38			
	个人认证	16		11			
		无		有	卡方	df	显著性
特效	普通用户	99		30	5.905*	2	0.052
	机构认证	69		14			
	个人认证	26		1			
		无		有	卡方	df	显著性
配乐	普通用户	16		113	1.099	2	0.577
	机构认证	9		74			
	个人认证	5		22			
		无		有	卡方	df	显著性
剪辑	普通用户	55		74	5.389*	2	0.068
	机构认证	23		60			
	个人认证	12		15			

注：*p<0.1,**p<0.05,***p<0.01。

在后期制作部分，不同账户的短视频在使用字幕上存在显著差异，机构认证用户相比于个人用户更多地在短视频中添加字幕；相比于普通用户和机构用户，个人认证用户较少在短视频中添加特效；机构认证相较其他两类账户，更喜欢拼接多个镜头来呈现短视频。总体来看，由于机构用户多使用专业级摄像机拍摄城市形象短视频，因此其上传的视频多以横屏视角呈现，视频镜头的清晰度、多元性和丰富度也要强于借助手机竖屏拍摄的个人用户。

3. 城市形象短视频的传播效果

考察社交媒体的影响效应有很多方式，目前比较普遍的是将粉丝数、转发评论数作为社交媒体影响力的重要指标（白贵、王秋菊，2013）。孟天广和郑思尧（2017）曾通过评论数、转发数和点赞数考察政务微博的影响。我们同样通过考察评论数、转发数和点赞数的方式考察城市形象短视频的传播效果。统计分析发现，在239个短视频样本中，转发量最高为9192次，最低为0次；评论量最高为2万次，最低为0次；点赞量最高为57.9万次，最低为20次。那么城市形象短视频的传播效果受到哪些因素的影响呢？这部分将基于对城市形象短视频进行回归分析来考察账户主体、内容元素和视听语言和传播效果的关系。

我们对城市形象短视频传播效果的影响因素进行线性回归，考察账户属性、内容叙事和视听语言等对传播效果的影响（见表7-5）。通过回归分析，在样本视频中，人物类短视频相比政府形象短视频能获得更多的点赞数，人物类短视频的总体传播效果要强于舞蹈类短视频，而人物类短视频相比旅游景点短视频能收获更多的评论；就个人影响力而言，粉丝数越多，其发布的城市形象短视频的传播效果越强；相比于机构用户，普通用户短视频的传播效果更强。

表 7-5　城市形象短视频传播效果的影响因素

		Ln 点赞数	Ln 转发数	Ln 评论数
	（常量）	2.606***	1.131	0.678
内容要素（人物 =0）	美食	0.154	−0.006	0.104
	政府形象	−0.912*	−0.916	−0.634
	城市景观	−0.02	0.384	0.11
	舞蹈	−0.919**	−1.019**	−1.052***
	旅游景点	−0.707	−0.391	−0.665*
	内容其他	−0.928**	−1.338**	−1.384***

续表

		Ln 点赞数	Ln 转发数	Ln 评论数
个人影响力	Ln 粉丝数	0.337***	0.172***	0.234***
账户属性（普通用户 =0）	机构认证	−0.82***	−0.969***	−1.492***
	个人认证	0.192	−0.37	−0.412
拍摄视角（横屏 =0）	竖屏	−0.067	0.025	0.056
配乐（无 =0）	有配乐	0.284	0.521	0.775**
镜头（固定镜头 =0）	运动镜头	−0.44	−0.658*	−0.329
	混合镜头	−0.08	−0.46	−0.149
景别（特写 =0）	远全	0.327	0.339	0.139
	中近	0.067	−0.446	−0.224
特效（无 =0）	有特效	1.32***	0.928***	0.944***
叙事方法（公共叙事 =0）	个人叙事	0.107	0.325	0.445
字幕（无 =0）	有字幕	0.595**	0.842***	0.63**
剪辑（无 =0）	有剪辑	−0.105	−0.451	−0.301
R^2		0.414	0.332	0.422

注：*p<0.1, **p<0.05, ***p<0.01。

回归分析还显示，在城市形象短视频中添加背景音乐能获得更多的评论，因为网友会在评论区追问背景音乐的名字；与单一的运动镜头相比，固定镜头能获得更多的转发数；添加特效的短视频传播效果比没添加特效的传播效果更好；与此相关，有字幕的城市形象短视频也能获得更强的传播效果。以上发现表明，与社交媒体研究的结果类似，个人影响力更强的账户主体的短视频传播效果更强。但与微博使用不同，机构认证账户并没有利用好专业性优势，其发布城市形象短视频的传播效果普遍不强。除此之外，配乐、字幕和特效等后期剪辑方式显著影响短视频的传播效果。而相反来看，景别、镜头和视角等拍摄方式并不能直接影响短视频的传播效果。

（三）研究结论

以往的城市形象传播研究多数通过作者对城市文本的符号性或话语性的分析，考察官方部门如何构建本地的城市形象，并结合受众的问卷调查和访谈来检验传播效果。本书则将抖音短视频中的 UGC 视为城市形象建构的重要参与力量，运用内容分析法考察用户与官方在生产城市形象短视频方面的异同点，并结合具体的点赞量、转发量和评论量检验不同个体和组织的城市形象短视频的传播效果。

进入移动媒介时代，个体实践与城市空间之间的密切勾连成为移动媒介时代城市形象构建的重要特征。卡斯特尔（Manuel Castells）曾说，如果作为文化特色之源的城市要在一种新的技术范式中生存下去，它就必须变成超级沟通的城市，通过各种各样的交流渠道（符号的、虚拟的、物质的），既能进行局部交流又能进行全球交流，然后在这些渠道之间架起桥梁。信息时代的城市文化将地方身份和全球网络聚到一起以恢复权力和体验、功能和意义、技术与文化之间的相互作用（汪民安，2008：362）。根据《城市形象指数及测试报告》的观点，在数字信息构筑的拟态环境中，各种主体、各种渠道和各种内容的信息共同完成了一个城市空间和时间的聚集和对话。[①] 借由城市形象短视频，人们可以在实体物质形态接触与虚拟形态感知的混杂中，重新构建对于城市形象的整体印象。

总体而言，通过上述研究我们发现城市形象构建从单一政府主导、媒体实施的模式转变为官方部门宏观引导、意见领袖（网络红人）与普通市民共同参与的模式。这回应了国外城市品牌研究中"市民可以被视为品牌形象推广过程中的重要参与者"的论述（Peighambari et al.，2016）。同时也修正了"UGC 常常被想象成用户自发创造性生产的破坏

[①] 浙江大学：《浙大传媒国际发布〈城市形象指数报告〉定义抖音中的城市传播美学》，2019 年 3 月 1 日，详情请见：http://tech.chinadaily.com.cn/a/201903/04/WS5c7cbbc0a31010568bdcd407.html?from=singlemessage.

性和对抗性的内容"的观点（Lobato et al., 2012）。参与的力量并非来自摧毁商业文化，而是来自改写、修改、补充、扩展、赋予其更广泛的多样性观点，然后再进行传播，将之反馈到主流媒体中。通过研究发现，机构账户与普通用户在发布短视频内容上存在显著差异，机构用户聚焦政府形象和官方宣传等公共议题，如官方抖音号"武汉市旅游发展委员会"发布的内容多为旅游景点形象片或旅游节的官方宣传视频。而普通用户发布的内容涵盖面较广，涉及城市景观、舞蹈、美食和旅游等日常生活化的题材。但普通用户内部也存在内容单一性、同质化倾向，如"科里昂111"共发布了 17 条话题短视频，内容全部为无人机航拍武汉的城市景观。

具体而言，首先，城市形象塑造注重短视频自下而上生产的反推力。上述研究证明在城市形象传播过程中，抖音平台的普通用户的传播效果要显著强于机构账户，因为抖音平台基于算法推荐机制，具备"重内容、轻来源"的特征。这也挑战了詹金斯（2012：131）关于"公司机构——甚至是公司媒体的成员——仍然要比单个消费者甚至是消费者集体所施加的影响要大一些"的观点。官方和商业资本从一开始就促成或参与了围绕城市形象所展开的 UGC 影像制作、流通和评论这一民间文化的消费与生产，它们不仅为市民的文化创造提供了符号、技术和观念的资源，还直接推动了网络行动（杜丹，2016）。由于短视频时长较短，镜头和景别并不能直接影响传播效果，反倒是特效及字幕等后期制作能够带来更多的关注度与点赞数。如普通用户"头号玩家"在中秋节发布了一条题为《嫦娥姐姐的玉兔被我逮到了》的短视频，视频主人公在武汉的长江边变出了一个月亮，然后自己跳进月亮中逮到一只玉兔，并从月亮里又跳回原地。这一则特效短视频为"头号玩家"赢得了 1.7万的点赞数。因此，短视频算法推荐的方式在削减机构账户低质量内容影响力的同时，为普通用户的高质量内容提供了曝光的机会。

其次，地方机构账户对于短视频技术多采取"照葫芦画瓢"式的运营方式。通过观察可以发现，机构用户发布的短视频多为二手视频，即已经发布过的电视新闻、网站视频新闻或形象宣传片的截取内容。这可能源于大多数城市在城市品牌推广方面还是使用电视、杂志、报纸等传统媒体，而在一些中国城市，对数字和网络媒体的态度仍然保守，其中一个原因就是难以控制（Björner，2013）。比如，武汉后湖街道办事处的官方抖音号"家在后湖"截取几段其官方宣传片的视频，以15秒一则为单位分多次发布。这种零散碎片化且无逻辑的短视频内容直接影响了账户主体对粉丝的吸引力。此外官方机构在公共叙事时，较多采用告知或宣传的传播方式而不是对话互动式的沟通模式。如江岸区法院的官方抖音号"正义路8号"尝试呈现机关普通工作人员日常的工作生活方式，但采用的依然是形象宣传片的拍摄手法，并没有快速实现与用户之间的"共情"。因此，机构账户应转变传统的自上而下宣传片的传播模式，依照短视频技术与内容的规律调整账户运营模式，从而生产更多接地气、有人情味的城市影像。

最后，城市网络意见领袖成为官方与市民间的润滑剂。相较于官方账户和普通用户，城市的个人认证的自媒体能够持续稳定地输出高质量的短视频内容。他们倾向于个人自我传播，例如抖音账户"相声演员陆鸣"习惯于通过自拍的方式，讲述武汉的民俗文化和方言含义，取得了较好的关注度和影响力。抖音平台提供了机构与用户间相互融合的场域，这种融合代表着一种范式转换——以前是媒体独有内容，现在是内容横跨多媒体渠道流行，各种传播体系的相互依赖日益加深，获取媒体内容的方式日益多样化，自上而下的公司媒体和自下而上的参与文化之间的关系也更为复杂（詹金斯，2012：353）。官方可以利用PUGC模式打造短视频红人和知名平台，聚集人气，以形成城市形象传播的品牌效应，同时鼓励普通用户发布身边日常的与城市相关的短视频内容，形成原创性和专业性并存的可持续传播模式。

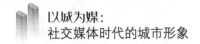
六、本章小结

工业革命以来，城市与视觉技术之间逐渐形成形影相依的联系。摄影技术的发明与普及使摄影师能够捕捉城市的幻象。早期的城市摄影主要聚焦于地标性建筑以及街头摄影两种城市景观。随着信息传播技术的发展，电影和电视等动态影像取代了静态图片成为人们认识某地的主要渠道。电影场景不但能够还原城市形象，还能通过剧情叙事塑造城市形象。在 21 世纪初的国内，以电影和电视为代表的视觉文化再现城市景观及市民精神。

本章详细阐述了新时代基于网络平台的两种城市影像生产途径：城市宣传片以及城市短视频。城市形象片是一种自上而下的宣传影像，它具备大而全的拍摄取景、偏向宏观叙事以及基于事件传播等特征；而短视频作为移动媒介的新形式，以影像记录的方式代替了传统社交媒体以文字和图片为主的交流手段。相对长视频而言，城市形象短视频呈现以下特征：碎片化的传播样态、视频内容回归人间烟火网络迷因式的病毒传播以及短视频特效的创作。

城市宣传片和城市短视频这两种路径都具有鲜明的优点和缺陷。基于此，现阶段的城市影像生产不能仅靠单一媒介技术或传播模式，而应广泛吸纳不同传播渠道以及创作主体的长处。因此，PUGC（专业用户生产内容）共创模式可以发挥更大的效能，因为它既吸收了官方传播中的专业性与全面性，又能激发普通用户参与生产而实现长尾效应。

本章还借由"15s 发现武汉"的抖音挑战话题下的 239 部短视频作为经验材料，通过内容分析法探寻城市形象短视频传播效果的影响因素。研究发现，机构与个人创作主体在城市形象短视频的内容呈现和视听语言上存在显著差异，短视频的拍摄方式与传播效果没有直接的因果关系，但短视频的后期制作直接影响传播效果。综上所述，本章对于城市形象提升路径的建议可以归纳如下：

——城市形象宣传片的创作要兼顾宏观叙事和微观故事的平衡，题材要贴近市民的人间烟火。

——官方城市影像生产要以对话模式代替宣传模式，在双向互动中展示城市特性。

——城市短视频的生产要注重趣味性和演绎感，坚持影像生产的创意替代传统的信息输出。

——通过真实故事激发人们对城市的向往，利用社交媒体影像实现共情效应，从而建立用户与城市的现实连接。

——城市管理者要积极与短视频平台合作，激励个人用户（尤其是网络大 V）参与到城市形象生产中。

——在拍摄内容上，城市短视频既要培育网红打卡地的迷因式传播，又要注重挖掘城市文化的内涵与深度。

第八章
结论

在中国，城市一直都是具有独特价值的研究对象。在 20 世纪短短 100 年的时间里，中国的城市化经历了从工业城市到商业城市再到全球城市的整个发展阶段。相比之下，许多西方城市经历这一过程足足花费了两三百年的时间。不少工业城市（如苏州、义乌）转型成商贸城市，而北上广深等特大城市则开始进入全球城市体系之中。本书的城市形象研究正是建立在中国城市化水平高速发展的基础上，不仅能够呈现当前的城市风貌，同时也能为城市竞争增加文化软实力。

本书从跨学科的视角出发，将城市规划学、市场营销学、文化研究以及人文地理学引入传播学视域下的城市形象研究。这一路径突破了传播学里内容发布—接收的传统路径，而更加偏向于跨学科层面的城市研究领域。从历史来看，对于城市的记录与关注几乎与城市本身一样古老。《城市事务杂志》（*Journal of Urban Affairs*）曾发表一篇题为《什么是城市研究》的文章，文中将城市研究的子领域概括为七个方面：（1）城市社会学，（2）城市地理，（3）城市经济学，（4）住房和社区发展，（5）环境研究，（6）城市治理、政治和行政，（7）城市规划、设计和建筑（Bowen et al., 2010）。可惜的是，本书所研究的城市传播还不属于城市研究的子领域，不过文中的内容也涉及上述城市社会学、城市地理、城市经济学、城市治理以及城市规划等领域的相关思想。

除以上七个子领域外，本书还涉及城市历史的相关内容。无论是城市的博物馆、地标建筑，还是不同时期的城市影像，这些历史遗存都是呈现与塑造城市形象的关键要素。有外国学者曾强调城市历史在城市研究中的关键位置，芒福德、雅各布斯或大卫·哈维都在自己的城市研究中广泛引用了城市的历史经验。其重要性突出体现在三个方面：首先，了解过去的城市过程是把握今日城市的重要借鉴因素；其次，历史可以帮助我们理解不断变化的环境如何影响城市和城市事务；最后，历史拓展了可用于比较分析和理论建构的范围（Harris & Smith，2011）。在本书中，我们不仅沿袭了这种比较的视野，还探讨了城市的历史实在物以及影像如何与当下的社交媒体展开互动，从而共同再造新的城市形象。

本书的研究区别于以往城市形象传播研究的功能主义范式，而采取以媒介实践为核心的中观研究思路。传播研究作为一门学科兴起时，其研究重点集中在大众传播的效果问题。早期建构传播学科的学者，恰好是研究这一议题的社会学、社会心理学和政治学者，他们地位的奠定是因为进行了新型方法的复杂的、定量的、有资助的研究（Peters，1989）。因此，国内许多学者在开展城市形象研究时，也多采取问卷调查或是内容分析这类微观量化测量效果的研究路径。相对而言，本书则是将其放置于城市传播理论之下，以武汉作为研究案例来考察社交媒体时代城市形象的塑造及其传播效果。本书论述沿着城市形象传播的三维框架展开。具体如下：

城市实体空间中的景观与形象存在复杂勾连的关系，人们借助器官来感知城市景观从而获得对城市的直观印象。在这些城市景观中，地标建筑是最能凸显城市个性以及提升影响力的关键要素，它能通过社交媒体的传播而受到全世界的关注。社交媒体对城市景观资源进行重组，在不同的社交平台上，人们可以获知、体验、表演以及评价和分享城市景观。除此之外，城市实体空间中的博物馆也是了解一座城市的重要场所。博物馆是城市传统文化的记忆者和多元群体的精神家园。新媒体技术不仅改变了博物馆的营销模式，还丰富了其展演的叙事模式。借助VR、AR 以及云计算等技术，博物馆成为再造城市形象的重要载体。

城市传统媒体历来是城市形象传播的先锋，这突出体现在大众传播媒介的新闻报道上。在新媒体时代，传统地方媒体寻求媒介融合来塑造本地城市的良好形象。相比于本地媒体的正面宣传口径，外地媒体在报道当地新闻时，会采取截然不同的报道框架。比如，国家级媒体会将更多报道资源投向大城市；而竞争性的地方媒体在报道他者事件时，会基于偏见的立场而增加负面报道。除此之外，外国媒体在报道中国时，通常因为意识形态而采取负面报道框架。媒体报道属于常态化的城市形象塑造，而危机传播则是城市在特殊情况下的形象修复。社交媒体环境下的危机传播具备信源去中心化、传播瞬时性以及舆论生成的竞合等特征。互联网加速了公共危机的发酵与蔓延，伴随着的网络舆情会迅速对涉事机构造成压力。因此，地方机构需要遵循互联网的规律，依靠多元主体在事实维度和价值维度的数字交往来重塑城市形象。

网络平台带给传播的最大改变是过去的受众变成了今天内容生产的用户，这一观念也构成了城市形象三维框架的最后一部分。在城市中，居民既是城市形象的第一检验者，同时又是形象建构的参与者。智慧城市引领的信息科技重构了市民的公共生活方式，通过政民沟通的形式参与城市公共议题的讨论以及城市治理的实施之中。另一方面，视觉技术的发展使城市影像生产从精英化走向庶民化，体现为参与者更多以及表现力更丰富。本书重点分析了城市宣传片以及城市短视频这两种影像生产路径，最终提出要坚持官方与民间共创的模式。因为该模式既具备官方传播的专业性与全面性，又能激发普通用户参与生产而实现长尾效应。

相比于过往的研究，本书将社交媒体纳入传播环境之中，并没有严格区分城市的虚实场景。当前的城市传播已经打破了大众媒体为主体的传播格局，而更加注重城市虚实交织的场景中媒介与人、人与人的沟通关系（黄骏，2020）。本书对于城市形象的理解不只限于新闻报道的文字内容以及城市影像的视听语言，而是放在媒介化的日常生活实践维度。媒介所建构的虚拟空间成为人类与世界之间的中介，人们需要通过不同的媒介来理解世界以及我们所居住的城市。正如弗卢塞尔（2017：11）所说，技术性的影像在我们周围无处不在，魔法般地重新建构了我们的"现实"，把现实转化为一个"全局的影像情节"。

在理论上，本书从物质性和媒介化两个层面推进了城市形象研究。一方面，信息传播技术的发展带来了一个万物皆媒的社会，它不仅是大众传播层面的，它也带来了人与物、物与物之间新的传播关系，也可能带来新的传播形态（彭兰，2019b）。本书中所提到的全息投影与建筑的互动以及虚拟（增强）现实与博物馆的互动都能体现出新科技对于"物—物"关系的改造。除此之外，随着以智能手机为载体的移动互联网的普及，每一位用户不仅能成为城市"第一现场"的分享者与传播者，他们还可能作为城市形象的生产主体被成千上万的网民追随。

另外，本书选用的媒介实践路径与欧陆媒介化理论一脉相承。它与其他媒介理论类似，都关注媒介形式本身而不是媒介的内容及其产生的文化。媒介化理论指出，媒介的影响不仅仅局限于发送者—信息—接收者这个传播序列，而应扩及媒介和不同社会机制或文化现象间的结构性改变以及如何影响人类的想象力、关系与互动（夏瓦，2018：4-5）。例如，前文描述的过去的城市影像是官方拍摄城市宣传片供观众来收看，而如今是所有用户主体可以拍摄城市短视频供所有用户观看。随着大数据、云计算以及人工智能的发展，如今的智慧型城市更像是赫普（Andreas Hepp）所描述的深度媒介化进程，即如今的媒介环境已经转向为"多元媒介"特征以及媒介组合属性（Hepp，2020：5）。人与媒介的相互嵌入及高频次的互动过程，使我们更加细致地关注各种社交媒体与技术平台。

社交媒体嵌入市民的日常生活，使曾经城市形象的稳定状态发生了动态随机的转变。《南方周末》城市研究中心将现阶段的城市形象变化概括为"出圈"和"出新"。"出圈"描绘的是过去人们看不见的"小众城市"，通过网络平台的参与式传播，独特的城市元素突破小圈层进入大众视野；"出新"描绘的是"有名"的城市，根据社交媒体的特征，调整传播内容和创意，呈现出城市新形象。[①] 由此可见，虽然 GDP、人口数量以及占地面积等因素将国内城市分成三六九等，但在传播城市形象、提升城市能见度这一维度上，所有城市都拥有平等的机遇。2023 年，因"网红烧烤"出圈的淄博，便是最好的例证。

本书所强调的是以媒介实践范式为核心的城市形象研究，这一取向关注的是媒介技术在整个传播流程中的作用，而不是仅仅看重内容与效果。该思路能够较好地指导国内城市形象传播的实操部分，因为国内城市形象的建构与传播工作一般由市委宣传部主导，可以非常方便地调动地方宣传资源。新时代的城市形象是城市内外部全方位的对话与互动，即内部对内部、外部对外部、内部对外部以及外部对内部。因此，地方宣传部既要协同城市媒体、地方智库以及城市文化企业等内容资源，又要加强与其他涉及城市软实力的政府部门的合作（如文旅局、图书馆、博物馆、规划局、园林局、外办等）。除此之外，城市管理者还需要转变传播思路，真正让本地市民成为城市形象传播的参与者。

当然，本书并不能涵盖城市形象传播的所有内容，未来的研究可以从跨文化传播以及人际传播两个角度来继续推进。一方面，城市形象已成为国家形象的重要组成部分。因此，如何从语言学和跨文化角度做好城市形象的海外传播，如何继续借助社交媒体发挥领事馆、友好城市等城市外交作用，都是讲好中国故事可以拓展的议题。另一方面，四通八达的交通网加速了人在城市间和城市内部的流动，来自不同地域个体间的人际传播以及借助强关系社交媒体的网络人际传播都会在潜移默化中影响城市形象。正如彼得斯（2003：170）所说："交流的问题不仅是用电报线跨越荒原传送信息的问题，不仅是用无线电凭借以太传送信息的问题，而且是如何与坐在你身旁的人接触的问题。"

---

① 南方周末城市（区域）研究中心：《2020 年城市形象传播年度观察报告》，详情请见：http://www.infzm.com/contents/201082.

参考文献

[澳] 彼得·史蒂文森:《城市与城市文化》,李东航译,北京:北京大学
出版社,2015年。

[澳] 斯科特·麦奎尔:《媒体城市:媒体、建筑与都市空间》,邵文实译,
南京:江苏教育出版社,2013年。

[澳] 斯科特·麦夸尔:《地理媒介:网络化城市与公共空间的未来》,潘
霁译,上海:复旦大学出版社,2019年。

[巴西] 威廉·弗卢塞尔:《摄影哲学的思考》,毛卫东、丁君君译,北京:
中国民族摄影艺术出版社,2017年。

[丹] 克劳斯·延森:《媒介融合:网络传播、大众传播和人际传播的三
重维度》,刘君译,上海:复旦大学出版社,2012年。

[丹] 施蒂格·夏瓦:《文化与社会的媒介化》,刘君等译,上海:复旦大
学出版社,2018年。

[德] 阿莱达·阿斯曼:《记忆中的历史:从个人经历到公共演示》,袁斯
乔译,南京:南京大学出版社,2017年。

[德] 安德雷亚斯·莱克维茨:《独异性社会:现代的结构转型》,巩婕译,
北京:社会科学文献出版社,2019年。

[德] 斐迪南·滕尼斯:《共同体与社会》,林荣远译,北京:商务印书馆,
1999年。

[德] 韩炳哲:《在群中:数字媒体时代的大众心理学》,程巍译,北京:
中信出版社,2019年。

[德] 韩炳哲:《透明社会》，吴琼译，北京：中信出版社，2019 年。

[德] 尤尔根·哈贝马斯:《公共领域的结构转型》，曹卫东译，上海：学林出版社，1999 年。

[法] 莫里斯·哈布瓦赫:《论集体记忆》，毕然、郭金华译，上海：上海人民出版社，2002 年。

[法] 耶夫·西蒙:《权威的性质与功能》，吴彦译，北京：商务印书馆，2015 年。

[荷] 简·梵·迪克:《网络社会：新媒体的社会层面》，蔡静译，北京：清华大学出版社，2014 年。

[加] 文森特·莫斯可:《数字世界的智慧城市》，徐偲骕译，上海：格致出版社，2021 年。

[美] 爱德华·格莱泽:《城市的胜利》，刘润泉译，上海：上海社会科学院出版社，2012 年。

[美] 艾尔·巴比:《社会研究方法》，邱泽奇译，北京：华夏出版社，2009 年。

[美] 丹尼尔·戴扬、伊莱休·卡茨:《媒介事件：历史的现场直播》，麻争旗译，北京：北京广播学院出版社，2000 年。

[美] 段义孚:《恋地情结：对环境感知、态度与价值》，志丞、刘苏译，北京：商务印书馆，2018 年。

[美] 菲利普·科特勒:《地方营销》，翁瑾、张惠俊译，上海：上海财经大学出版社，2008 年。

[美] 亨利·詹金斯:《融合文化：新媒体和旧媒体的冲突地带》，杜永明译，北京：商务印书馆，2012 年。

[美] G.W. 奥尔波特:《谣言心理学》，刘水平、梁元元、黄鹂译，沈阳：辽宁教育出版社，2003 年。

[美] 简·雅各布斯:《美国大城市的死与生》,金衡山译,南京:译林出版社,2006年。

[美] 凯瑟琳·班克斯:《危机传播:基于经典案例的观点》,陈虹译,上海:复旦大学出版社,2013年。

[美] 凯文·林奇:《城市形态》,林庆怡译,北京:华夏出版社,2001年。

[美] 凯文·林奇:《城市意象》,方益萍、何晓军译,北京:华夏出版社,2016年。

[美] 刘易斯·芒福德:《城市发展史:起源、演变和前景》,倪文彦、宋俊岭译,北京:中国建筑工业出版社,2005年。

[美] 刘易斯·芒福德:《城市文化》,宋俊岭、李翔宁、周鸣浩译,北京:中国建筑工业出版社,2009年。

[美] 刘易斯·芒福德:《刘易斯·芒福德著作精粹》,宋俊岭译,北京:中国建筑工业出版社,2010年。

[美] 罗伯特·帕克:《城市社会学:芝加哥学派城市研究》,宋俊岭、郑也夫译,北京:商务印书馆,2012年。

[美] 妮娜·西蒙:《参与式博物馆:迈入博物馆2.0》,喻翔译,杭州:浙江大学出版社,2018年。

[美] 斯皮罗·科斯托夫:《城市的形成:历史进程中的城市模式和城市意义》,单皓译,北京:中国建筑工业出版社,2005年。

[美] 苏珊·桑塔格:《论摄影》,艾红华等译,长沙:湖南美术出版社,2005年。

[美] W.J.T.米歇尔:《图像学:形象,文本,意识形态》,陈永国译,北京:北京大学出版社,2020年。

[美] 威廉·米歇尔:《比特城市:未来生活志》,余小丹译,重庆:重庆大学出版社,2017年。

［美］沃尔特·李普曼：《舆论学》，林珊译，北京：华夏出版社，1989年。

［美］希拉里·普特南：《事实与价值二分法的崩溃》，应奇译，北京：东方出版社，2006年。

［美］约翰·彼得斯：《交流的无奈：传播思想史》，何道宽译，北京：华夏出版社，2003年。

［美］约翰·福克、林恩·迪尔金：《博物馆体验再探讨》，马宇罡、戴天心、王茜等译，北京：社会科学文献出版社，2021年。

［瑞典］彼得·斯约斯特洛姆：《城市感知：城市场所中隐藏的维度》，韩西丽译，北京：中国建筑工业出版社，2015年。

［瑞士］克劳斯·施瓦布：《第四次工业革命》，李菁译，北京：中信出版社，2016年。

［西］曼纽尔·卡斯特尔：《网络社会的崛起》，夏铸九、王志弘译，北京：社会科学文献出版社，2001年。

［西］曼纽尔·卡斯特尔：《认同的力量》，曹荣湘译，北京：社会科学文献出版社，2006年。

［西］曼纽尔·卡斯特尔：《网络社会与传播力》，《全球传媒学刊》，曹书乐、吴璟薇、戴佳等译，2019年第2期。

［英］艾伦·莱瑟姆：《城市地理学核心概念》，邵文实译，南京：江苏教育出版社，2013年。

［英］格雷汉姆·克拉克：《照片的历史》，易英译，上海：上海人民出版社，2015年。

［英］基思·丹尼：《城市品牌：理论与案例》，沈涵译，沈阳：东北财经大学出版社，2014年。

［英］迈克尔·巴蒂：《创造未来城市》，徐蜀辰、陈翔怡译，北京：中信出版社，2020年。

［英］尼克·库尔德利：《媒介、社会与世界：社会理论与数字媒介实践》，

何道宽译，上海：复旦大学出版社，2014 年。

[英]斯蒂芬·迈尔斯：《消费空间》，孙民乐译，南京：江苏教育出版社，
2013 年。

[英]维克多·特纳：《仪式过程：结构与反结构》，黄剑波、柳博赟译，
北京：中国人民大学出版社，2006 年。

[英]约翰·伯格：《观看之道》，戴行钺译，南宁：广西师范大学出版社，
2007 年。

[英]约翰·厄里：《游客的凝视》，黄宛瑜译，上海：上海人民出版社，
2016 年。

[英]约翰·肖特：《城市秩序：城市、文化与权力导论》，郑娟、梁捷译，
上海：上海人民出版社，2011 年。

白贵、王秋菊：《微博意见领袖影响力与其构成要素间的关系》，《河北
学刊》2013 年第 2 期。

操瑞青：《从奇观到故事：城市宣传片跨文化传播的创作思考》，《对外传
播》2015 年第 5 期。

曹永荣、杜婧琪、王思雨：《法国媒体中的北京形象：基于〈费加罗报〉
2000—2015 年的框架分析》，《西安外国语大学学报》2018 年第 2 期。

陈霖：《城市认同叙事的展演空间——以苏州博物馆新馆为例》，《新闻
与传播研究》2016 年第 8 期。

陈云松、吴青熹、张翼：《近三百年中国城市的国际知名度——基于大
数据的描述与回归》，《社会》2015 年第 5 期。

陈映：《城市形象的媒体建构——概念分析与理论框架》，《新闻界》
2009 年第 5 期。

杜丹：《镜像苏州：市民参与和话语重构——对 UGC 视频和网友评论的
文本分析》，《新闻与传播研究》2016 年第 8 期。

段文钰：《颠覆与重构：〈城市 24 小时〉中城市形象的构建与传播》，《当

代电视》2019 年第 9 期。

范晨虹、谭宇菲：《网络舆情事件对城市形象建构的影响研究》，《情报杂志》2019 年第 12 期。

范红：《城市形象定位与传播》，《对外传播》2008 年第 12 期。

范红：《浅谈中国城市品牌营销中的问题》，《国际公关》2013 年第 1 期。

范红、黄丽丽：《重大公共危机事件中的城市形象塑造与传播策略——以武汉为例》，《对外传播》2020 年第 9 期。

傅蜜蜜：《全球化背景下跨文化城市推广研究——以广州市为例》，《江西社会科学》2017 年第 6 期。

高文杰、路春艳：《城市特征形象系统（CIS）规划》，《城市规划汇刊》1996 年第 6 期。

高旸：《从"污名"到"同情"：疫情时期社会心态调整探析——以疫情流言为分析视角》，《思想教育研究》2020 年第 3 期。

郭可、陈悦、杜妍：《全球城市形象传播的生成机制及理论阐释——以上海城市形象为例》，《新闻大学》2018 年第 6 期。

葛坚、卜菁华：《关于城市公园声景观及其设计的探讨》，《建筑学报》2003 年第 9 期。

韩隽：《城市形象传播：传媒角色与路径》，《人文杂志》2007 年第 2 期。

郝胜宇：《国内城市品牌研究综述》，《城市问题》2009 年第 1 期。

何国平：《城市形象传播：框架与策略》，《现代传播（中国传媒大学学报）》2010 年第 8 期。

胡百精：《危机传播管理》，北京：中国人民大学出版社，2014 年。

胡百精：《互联网、公共危机与社会认同》，《山东社会科学》2016 年第 4 期。

胡翼青、汪睿：《作为空间媒介的城市马拉松赛——以南京马拉松赛为例》,《湖南师范大学社会科学学报》2018 年第 4 版。

胡以志:《全球化与全球城市——对话萨斯基娅·萨森教授》,《国际城市规划》2009 年第 3 期。

黄楚新:《"互联网＋媒体"——融合时代的传媒发展路径》,《新闻与传播研究》2015 年第 9 期。

黄金霞:《苏州城市品牌营造刍议》,《苏州大学学报（工科版）》2004 年第 6 期。

黄骏:《虚实之间：城市传播的逻辑变迁与路径重构》,《学习与实践》2020 年第 6 期。

黄骏、徐皞亮:《无人机航拍技术的进化溯源：基于麦克卢汉"媒介四定律"的思考》,《文化与传播》2019 年第 5 期。

黄骏、徐皞亮:《"我晒故我在"：移动传播时代的青年游客凝视与自我建构》,《当代青年研究》2021 年第 5 期。

蒋瑛:《突发事件舆情导控：风险治理的视域》,北京：社会科学文献出版社,2020 年。

赖胜强、唐雪梅:《舆情事件中网民评论的社会影响研究》,《情报杂志》2020 年第 2 期。

李德庚:《流动的博物馆》,北京：文化艺术出版社,2020 年。

李锋、孟天广:《策略性政治互动：网民政治话语运用与政府回应模式》,《武汉大学学报：人文科学版》2016 年第 5 期。

李慧龙、于君博:《数字政府治理的回应性陷阱——基于东三省"地方领导留言板"的考察》,《电子政务》2019 年第 3 期。

李凌燕:《以"流动空间生产"为特征的城市形象构建与传播——以"上海城市空间艺术季"为例》,《媒介批评》2020 年第 1 期。

李明:《社交媒体视阈下的城市传播研究》,《中国出版》2015 年第 13 期。

李雄飞：《建筑与城市形象塑造中的浪漫主义、幽默感与文化趣味——21 世纪的城市文化模型》，《建筑学报》1989 年第 9 期。

林宇玲：《网络与公共领域：从审议模式转向多元公众模式》，《新闻学研究》2014 年总第 118 期。

刘丹萍：《旅游凝视：从福柯到厄里》，《旅游学刊》2007 年第 6 期。

刘娜、张露曦：《空间转向视角下的城市传播研究》，《现代传播（中国传媒大学学报）》2017 年第 8 期。

刘娜、常宁：《影像再现与意义建构：城市空间的影视想象》，《现代传播（中国传媒大学学报）》2018 年第 8 期。

刘伟：《政治承诺的呈现与市长热线的仪式化》，《公共管理与政策评论》，2021 年第 3 期。

刘小燕：《关于传媒塑造国家形象的思考》，《国际新闻界》2002 年第 2 期。

龙瀛、张雨洋、张恩嘉、陈议威：《中国智慧城市发展现状及未来发展趋势研究》，《当代建筑》2020 年第 12 期。

卢济威：《油城建筑与城市形象——孤岛新镇建筑设计》，《建筑学报》1989 年第 8 期。

路鹃、付砾乐：《"网红城市"的短视频叙事：第三空间在形象再造中的可见性悖论》，《新闻与写作》2021 年第 8 期。

陆兴华：《人类世与平台城市：城市哲学 1》，南京：南京大学出版社，2021 年。

陆晔：《影像都市的建构与体验——以 2010 上海世博会为个案》，《新闻大学》2012 年第 2 期。

陆晔：《影像都市的视觉实践与协作式公共参与》，《公共艺术》2020 年第 3 期。

吕尚彬：《中国城市形象定位与传播策略实战解析：策划大武汉》，北京：红旗出版社，2012 年。

马中红:《第三种论坛:体制性网络空间的公共性透视——以苏州"寒山闻钟论坛"为个案》,《新闻与传播研究》2016 年第 8 期。

毛万熙:《公共空间的共同生产:数字媒介如何形塑城市意象——以抖音地标 AR 特效为例》,《北京电影学院学报》2020 年第 9 期。

梅文庆、李立:《〈大城崛起〉:打造城市视觉新名片》,《对外传播》2015 年第 9 期。

孟天广、郑思尧:《信息、传播与影响:网络治理中的政府新媒体——结合大数据与小数据分析的探索》,《公共行政评论》2017 年第 10 期,

莫伟民:《莫伟民讲福柯》,北京:北京大学出版社,2005 年。

聂艳梅:《国外城市形象研究的进展及观点综述》,《理论经纬》2015 年第 1 期。

潘霁:《本地与全球:中英文媒体与澳门城市形象——框架理论的视角》,《国际新闻界》,2018 年第 8 期。

潘霁:《上分下合,联动共作——上海、深圳、杭州和银川城市公共传播调查》,《中国传播学评论》2019 年第 1 期。

潘霁:《媒介技术、信源网络与框架构建——纸媒、新闻网站与博客的信源选择如何塑造了上海形象》,《新闻记者》2019 年第 12 期。

潘霁、周海晏、徐笛、李薇:《跳动空间:抖音城市的生成与传播》,上海:复旦大学出版社,2020 年。

潘忠党、於红梅:《阈限性与城市空间的潜能——一个重新想象传播的维度》,《开放时代》2015 年第 3 期。

彭兰:《智能时代的新内容革命》,《国际新闻界》2018 年第 6 期。

彭兰:《短视频:视频生产力的"转基因"与再培育》,《新闻界》2019（a）年第 1 期。

彭兰:《5G 时代"物"对传播的再塑造》,《探索与争鸣》2019（b）年第 9 期。

彭兰：《视频化生存：移动时代日常生活的媒介化》，《中国编辑》2020
年第 4 期。

钱益汇：《中国博物馆发展报告（2019—2020）》，北京：社会科学文献出
版社，2021 年。

单文盛、甘甜：《符号学视阈下湖南城市形象宣传片视觉传播策略分析》，
《湖南师范大学社会科学学报》2016 年第 3 期。

邵春霞：《数字空间中的社区共同体营造路径——基于城市社区业主微
信群的考察》，《理论与改革》2022 年第 1 期。

司晓、马永武：《共生：科技与社会驱动的数字化未来》，杭州：浙江大
学出版社，2021 年。

宋欢迎：《城市品牌形象传播感知效果及其影响的实证研究——基于我
国 36 座城市的调查分析》，《新媒体与社会》2020 年第 2 期。

孙玮：《作为媒介的外滩：上海现代性的发生与成长》，《新闻大学》2011
年第 4 期。

孙玮：《镜中上海：传播方式与城市》，《苏州大学学报（哲学社会科学版）》
2014 年第 4 期。

孙玮、钟怡：《移动网络时代的城市形象片——以上海为例》，《对外传播》
2017 年第 8 期。

孙玮：《我拍故我在 我们打卡故城市在——短视频：赛博城市的大众影
像实践》，《国际新闻界》2020 年第 6 期。

孙玮、李梦颖：《扫码：可编程城市的数字沟通力》，《福建师范大学学报
（哲学社会科学版）》2021 年第 6 期。

谭宇菲：《北京城市形象传播：新媒体环境下的路径选择研究》，北京：
社会科学文献出版社，2019 年。

汪德满：《合肥如何打造城市品牌——合肥市实施经营城市战略初探》，
《安徽决策咨询》2001 年第 8 期。

汪民安、陈永国、马海良:《城市文化读本》,北京:北京大学出版社,
2008 年。

王可欣:《"记忆 + 创造力":场域视角下的博物馆传播》,清华大学博士
学位论文,2018 年。

王志弘:《影像城市与都市意义的文化生产》,《城市与设计学报》2003
年第 3 期。

文宏:《危机情境中的人群"圈层阻隔"现象及形成逻辑——基于重大
传染病事件的考察》,《政治学研究》2021 年第 4 期。

温京博、马宝霞:《数字时代的博物馆:快乐、体验和新知》,《东南文化》
2021 年第 4 期。

熊晓明:《影像多媒体时代的小屏生态系统》,《当代电影》2016 第 11 期。

谢静、潘霁、孙玮:《可沟通城市评价体系》,《新闻与传播研究》2015
年第 7 期。

谢静:《双网交融、渗入日常——南京、长沙、成都、温州、惠州五城
市公共传播调查》,《中国传播学评论》2020 年第 1 期。

徐根兴:《论城市公关与城市形象》,《兰州大学学报》1995 年第 2 期。

徐剑、董晓伟、袁文瑜:《德国媒体中的北京形象:基于〈明镜〉周刊
2000—2015 年涉京报道的批判性话语分析》,《西安外国语大学学
报》2018 年第 2 期。

徐剑、沈郊:《城市形象的媒体识别:中国城市形象发展 40 年》,上海:
上海交通大学出版社,2018 年。

薛敏芝:《论现代城市的形象构建与传播设计》,《上海大学学报(社会
科学版)》2002 年第 4 期。

杨文平:《创新网上群众工作,让最大变量成最大增量——以长江网武
汉城市留言板为例》,《青年记者》2018 年第 30 期。

杨旭明：《城市形象研究：路径、理论及其动向》，《西南民族大学学报
（人文社会科学版）》2013 年第 3 期。

杨扬、张虹、张学骞：《数据驱动下博物馆运营生态的重构——西方博
物馆的创新实践》，《东南文化》2020 年第 4 期。

杨怡静：《论电视剧城市意象建构的修辞策略》，《中国电视》2016 年第
12 期。

杨怡静：《当代电视剧城市叙事的嬗变》，《青年记者》2017 年第 27 期。

杨怡静：《"想象力消费"视域下城市形象片的叙事转向与美学重构》，
《电影新作》2021 年第 1 期。

杨一翁、孙国辉、陶晓波：《北京的认知、情感和意动城市品牌形象测
度》，《城市问题》2019 年第 5 期。

叶晓滨：《大众传媒与城市形象传播研究》，武汉大学博士学位论文，
2012 年。

姚建华、徐偲骕：《智慧城市：网络技术、数据监控与未来走向》，《南昌
大学学报（人文社会科学版）》2021 年第 4 期。

曾一果：《城市公共空间的建构与再造传统——社会转型与大众报纸的
"城市叙事"》，《国际新闻界》2011 年第 8 期。

曾一果：《从"怀旧"到"后怀旧"——关于苏州城市形象片的文化研究》，
《江苏社会科学》2017 年第 4 期。

曾智洪、游晨、陈煜超：《积极型政府数字化危机治理：动员策略与理论
源流——以抗击新冠肺炎疫情为例》，《电子政务》2021 年第 3 期。

张丙宣：《网络问政、制度创新与地方治理——以宁波网·对话为例》，
《浙江社会科学》2011 年第 1 期。

张鸿雁：《城市建设的"CI方略"》，《城市问题》1995 年第 3 期。

张鸿雁：《城市形象与城市文化资本论》，南京：东南大学出版社，
2004 年。

张锦秋、林汉廷:《塑造新的城市形象——浅析深圳建筑风貌》,《建筑学报》1993 年第 1 期。

张文彬、安来顺:《城市文化建设与城市博物馆》,《装饰》2009 年第 3 期。

张新、杨建国:《智慧交通发展趋势、目标及框架构建》,《中国行政管理》2015 年第 4 期。

赵发珍、王超、曲宗希:《大数据驱动的城市公共安全治理模式研究——一个整合性分析框架》,《情报杂志》2020 年第 6 期。

赵娜、孟庆波:《民间社团的发展:协商式威权主义在中国的兴起》,《国外理论动态》2014 年第 3 期。

赵心树、陆宏驰、敫颂:《城市品牌对选择螺旋首轮的影响:理论、数据与方法的对话》,《国际新闻界》2019 年第 9 期。

郑晨予:《城市形象虚拟塑造的中国化与全球化——兼论与国家形象承载力的转换视角》,《社会科学家》2016 年第 2 期。

郑晨予、范红:《长江中游省会城市品牌特征研究——基于全球新闻报道大数据的判别》,《江西社会科学》2019 年第 10 期。

郑晨予、范红:《中国三大城市的品牌影响力及其差异化研究》,《江西社会科学》2020 年第 10 期。

郑荣基:《重塑"花城"城市品牌的思考》,《探求》2001 年第 4 期。

郑雯、乐音、兴越:《"后殖民城市"的媒介镜像与文化想象——基于葡文媒体对"澳门"的报道研究(1999—2018)》,《新闻大学》2019 年第 4 期。

钟怡:《从"表征"到"实践":移动媒介时代城市形象建构的新范式》,《学习与实践》2018 年第 7 期。

钟智锦、王友:《网民意见表达中的城市形象感知:以广州为例》,《新闻与传播评论》2020 年第 1 期。

周海晏：《"一城两制"：城市公共传播的分化转型模式——北京、西安、合肥、青岛四地调研》，《中国传播学评论》2020年第1期。

周逵、金鹿雅：《竖屏时代的来临：融媒体短视频类型前沿和趋势研究》，《电视研究》2008年第6期。

周铜：《G20杭州峰会城市形象宣传片〈杭州〉研究》，兰州大学硕士学位论文，2017年。

周宪：《视觉文化与消费社会》，《福建论坛（人文社会科学版）》2001年第2期。

周宪：《从形象看视觉文化》，《江海学刊》2014年第4期。

周翔：《传播学内容分析研究与应用》，重庆：重庆大学出版社，2014年版。

邹鹏飞、刘谞：《博物馆公共空间优化探索》，《建材与装饰》2019年第36期。

朱杰、崔永鹏：《短视频：移动视觉场景下的新媒介形态——技术、社交、内容与反思》，《新闻界》2008年第7期。

Ahmed, P. K., & Rafiq, M.. (2003). Internal marketing issues and challenges. *European Journal of Marketing*, 37(9), 1177-1186.

Anholt, S. (2007). What is competitive identity?. In *Competitive Identity* (pp. 1-23). Palgrave Macmillan, London.

Ashworth, G. J. & Kavaratzis, M. (Eds.) (2010). *Towards Effective Place Brand Management Branding European Cities and Regions*. Cheltenham, UK: Edward Elgar Publishing.

Ashworth, G. J. (2011). Should we brand places?. *Journal of Town and City Management*, 1(3): 248-252.

Avraham, E., & Ketter, E.(2008). *Media Strategies for Marketing Places in Crisis*. Heinemann, Oxford.

Bekele, M. K., Pierdicca, R., Frontoni, E., Malinverni, E. S., & Gain, J. (2018). A survey of augmented, virtual, and mixed reality for cultural heritage. *Journal on Computing and Cultural Heritage*, 11(2), 1-36.

Benjamin, W., Eiland, H., & Smith, G. (1996). *Selected Writings: 1935-1938 (Vol. 3)*. Harvard University Press.

Berelson, B. (1952). *Content Analysis in Communication Research*. New York: Hafner.

Björner, E. (2013). International positioning through online city branding: the case of Chengdu. *Journal of Place Management and Development*. 6(3), 203-226.

Boisen, M., Terlouw, K., Groote, P., & Couwenberg, O. (2018). Reframing place promotion, place marketing, and place branding-moving beyond conceptual confusion. *Cities*, 80, 4-11.

Bonenberg, A., & Cecco, D. (2018). *Cityscape in the Era of Information and Communication Technologies*. Cham: Springer International Publishing.

Bowen, W. M., Dunn, R. A., & Kasdan, D. O. (2010). What is "urban studies"? Context, internal structure, and content. *Journal of Urban Affairs*, 32(2), 199-227.

Braun, E., Kavaratzis, M. and Zenker, S. (2013). My city – My brand: The different roles of residents in place branding. *Journal of Place Management and Developm*ent. 6(1), 18–28.

Braun, E., Eshuis, J., & Klijn, E. H. (2014). The effectiveness of place brand communication. *Cities*, 41, 64-70.

Burgess, J. A. (1982). Selling places: environmental images for the executive. *Regional Studies*, 16(1), 1-17.

Capriotti, P., Carreton, C., & Castillo, A. (2016). Testing the level of interactivity of institutional websites: from museums 1.0 to museums

2.0. *International Journal of Information Management*, 36(1), 97-104.

Carr, C. T., & Hayes, R. A. (2015). Social media: Defining, developing, and divining. *Atlantic Journal of Communication*, 23(1), 46-65.

Castells, M. (2013). *Communication power*. Oxford University Press.

Catungal, J. P., Leslie, D., & Hii, Y. (2009). Geographies of displacement in the creative city: The case of Liberty Village, Toronto. *Urban Studies*, 46(5-6), 1095-1114.

Choi, Y., & Lin, Y.-H. (2009). Consumer responses to Mattel product recalls posted on online bulletin boards: Exploring two types of emotion. *Journal of Public Relations Research*, 21(2), 198-207.

Chorianopoulos, I., Pagonis, T., Koukoulas, S., & Drymoniti, S. (2010). Planning, competitiveness and sprawl in the Mediterranean city: The case of Athens. *Cities*, 27(4), 249-259.

Christensen, C. (2013). @ Sweden: Curating a nation on Twitter. *Popular Communication*, 11(1), 30-46.

Christodoulides, G. (2009). Branding in the post-internet era. *Marketing Theory*, 9(1), 141-144.

Coombs, W. T. (2009). Conceptualizing crisis communication. In R. L. Heath & H. D. O'Hair (Eds.), *Handbook of Crisis and Risk Communication* (pp. 100–119). New York: Routledge.

Couldry, N. (2004). Theorising media as practice. *Social Semiotics*, 14(2), 115-132.

Da Silva, R. V., & Alwi, S. (2008). Online brand attributes and online corporate brand images. European Journal of Marketing. 42(9/10), pp. 1039-1058.

Dahlberg, L. (2007). The Internet, deliberative democracy, and power:

Radicalizing the public sphere. *International Journal of Media & Cultural Politics*, 3(1), 47-64.

Damala, A., Ruthven, I., & Hornecker, E. (2019). The MUSETECH model: A comprehensive evaluation framework for museum technology. *Journal on Computing and Cultural Heritage*, 12(1), 1-22.

Dekker, R., & Bekkers, V. (2015). The contingency of governments' responsiveness to the virtual public sphere: a systematic literature review and meta-synthesis. *Government Information Quarterly*, 32(4), 496-505.

Dou, M., Gu, Y., & Xu, G. (2020). Social awareness of crisis events: A new perspective from social-physical network. *Cities*, 99, 102620.

Donald, J. (1995). The city, the cinema: modern spaces. *Visual Culture*, 77-95.

Entman, R. (1993). Framing: Toward clarification of a fractured paradigm. *Journal of Communication*, 43(4), 51–58.

Erlbaum, L. (2016). *Images of Nations and International Public Relations*. Routledge.

Florek, M., Insch, A., & Gnoth, J. (2006). City council websites as a means of place brand identity communication. *Place Branding*, 2(4), 276-296.

Getz, D. (1991). *Festivals, Special Events and Tourism*. New York: van Nostrand Reinhold.

Getz, D., & Page, S. J. (2019). *Event Studies: Theory, Research and Policy for Planned Events*. Routledge.

Gertner, R. K., Berger, K. A., & Gertner, D. (2007). Country-dot-com: Marketing and branding destinations online. *Journal of Travel & Tourism Marketing*, 21(2-3), 105-116.

Glaesser, D. (2006). *Crisis Management in the Tourism Industry.* Burlington, MA: Butterworth-Heinemann.

Gilboa, S., Jaffe, E. D., Vianelli, D., Pastore, A., & Herstein, R. (2015). A summated rating scale for measuring city image. *Cities*, 44, 50-59.

Gitlin, T. (1980). *The Whole World Is Watching: Mass Media in the Making and (Un)making of the New Left.* Berkeley: University of California Press.

Goffman E. (1967). *Stigma: Notes on the Management of Spoiled Identity.* New York: Prentice Hall.

Goffman, E. (1974). *Frame analysis: An Essay on the Organization of Experience.* Harvard University Press.

Gotham, K. F. (2007). (Re) branding the big easy: Tourism rebuilding in post-Katrina New Orleans. *Urban Affairs Review*, 42(6), 823-850.

Govers, R., & Go, F. (2016). *Place Branding: Glocal, Virtual and Physical Identities, Constructed, Imagined and Experienced.* Springer.

Grabe, M. E, Zhou, S., & Barnett, B. (2001). Explicating sensationalism in television news: content and the bells and whistles of form. Journal of Broadcasting & Electronic Media, 45(4), 635-655.

Grigore, A. M., Coman, A., & Ardelean, A. (2019). *Rethinking Museums in the Digital Era?.* In Proceedings of the 13th International Management Conference "Management Strategies For High Performance", Bucharest, Romania, The Bucharest University of Economic Studies (pp. 550-562).

Gumpert, G., & Drucker, S. J. (2008). Communicative cities. *International Communication Gazette*, 70(3-4), 195-208.

Haddock, S. (2010). Branding the creative city, in Vicari Haddock, S. (Ed.) *Brand Building: The Creative City*, Florence, Italy: Firenze University

Press, pp. 17-37.

Halegoua, G.(2020). *Smart Cities*. Massachusetts:MIT Press.

Hall, C. M. (1992). *Hallmark Tourist Events*. London: Belhaven Press.

Han, M., De Jong, M., Cui, Z., Xu, L., Lu, H., & Sun, B. (2018). City branding in China's northeastern region: How do cities reposition themselves when facing industrial decline and ecological modernization?. *Sustainability*, 10(1), 102.

Han, R & Jia, L.(2018). Governing by the Internet: local governance in the digital age. *Journal of Chinese Governance*, 3(01): 67-85.

Hankinson, G. (2010). Place branding theory: A cross-domain literature review from a marketing perspective, in: G. J. Ashworth and M. Kavaratzis (Eds.) *Towards Effective Place Brand Management Branding European Cities and Regions*. Cheltenham, UK: Edward Elgar Publishing, pp. 15-35.

Harris, R., & Smith, M. E. (2011). The history in urban studies: A comment. *Journal of Urban Affairs*, 33(1), 99-105.

Harvey, D. (1989). *The Condition of Postmodernity*. Oxford: Blackwell.

Hatch, M. J. & Schultz, M. (2002). The Dynamics of Organizational Identity, *Human Relations*. 55(8): 989-1018.

He, B. (2014). Deliberative Culture and Politics: The Persistence of Authoritarian Deliberation in China, *Political Theory*, 42(1), 58-81.

Hepp, A. (2020). *Deep mediatization*. Routledge.

Hermann, C. F. (Ed.). (1972). *International Crisis: Insights from Behavioral Research*. New York: Free Press.

Herstein, R., & Berger, R. (2014). Cities for sale: How cities can attract tourists by creating events. *The Marketing Review*, 14(2), 131-144.

Hollands, R. G. (2008). Will the real smart city please stand up? Intelligent, progressive or entrepreneurial?. *City*, 12(3), 303-320.

Hospers, G. J. (2020). A short reflection on city branding and its controversies. *Tijdschrift voor economische en sociale geografie*, 111(1), 18-23.

Jamal, T. B., & Getz, D. (1995). Collaboration theory and community tourism planning. *Annals of Tourism Research*, 22(1), 186-204.

Jeffres, L. W. (2010). The communicative city: conceptualizing, operationalizing, and policy making. *Journal of Planning Literature*, 25(2), 99-110.

Kahneman, D., & Tversky, A. (2013). Choices, values, and frames. In *Handbook of the Fundamentals of Financial Decision Making: Part I* (pp. 269-278). World Scientific.

Kaplan, A. M., & Haenlein, M. (2010). Users of the world, unite! The challenges and opportunities of Social Media. *Business Horizons*, 53(1), 59-68.

Kavaratzis, M. (2004). From city marketing to city branding: Towards a theoretical framework for developing city brands. *Place Branding*, 1(1), 58-73.

Kavaratzis, M., & Ashworth, G. J. (2007). Partners in coffee shops, canals and commerce: Marketing the city of Amsterdam. *Cities*, 24(1), 16-25.

Kavaratzis, M., & Hatch, M. J. (2013). The dynamics of place brands: An identity-based approach to place branding theory. *Marketing Theory*, 13(1), 69-86.

Kavaratzis, M., Warnaby, G., & Ashworth, G. J. (Eds.). (2014). *Rethinking Place Branding: Comprehensive Brand Development for Cities and Regions*. Springer.

Kavaratzis, M., & Hatch, M. J. (2013). The dynamics of place brands: An identity-based approach to place branding theory. *Marketing Theory*, 13(1), 69-86.

Kavaratzis, M., & Kalandides, A. (2015). Rethinking the place brand: the interactive formation of place brands and the role of participatory place branding. *Environment and Planning A*, 47(6), 1368-1382.

Kearns, G. and Philo, C. (eds) (1993). *Selling Places*. Pergamon Press, Oxford, UK.

Kotier, P., Asplund, C., Rein, I., & Haider, D. (1999). *Marketing Places Europe: Attracting Investments, Industries, Residents and Visitors to European Cities, Communities, Regions and Nations*. London: Pearson Education.

Kunzmann, K. R. (1997). The Future of the City Region in Europe, pp. 16–29 in K. Bosma and H. Hellinga (eds) *Mastering the City: North European City Planning 1900–2000*. Rotterdam: NAI Publishers.

Landry, C. (2012). *The Creative City: A Toolkit for Urban Innovators*. Routledge.

Larsen, H. G. (2014). The emerging Shanghai city brand: A netnographic study of image perception among foreigners. *Journal of Destination Marketing & Management*, 3(1), 18-28.

Lewis, A. (2013). Net inclusion: new media's impact on deliberative politics in China. *Journal of Contemporary Asia*, 43(4), 678-708.

Listerborn, C. (2017). The flagship concept of the '4th urban environment'. Branding and visioning in Malmö, Sweden. *Planning Theory & Practice*, 18(1), 11-33.

Liu, B. F., Jin, Y., & Austin, L. L. (2013). The tendency to tell: Understanding publics' communicative responses to crisis information form and source. *Journal of Public Relations Research*, 25(1), 51-67.

Livingstone, S. (2009). On the mediation of everything: ICA presidential address 2008. *Journal of Communication*, 59(1), 1-18.

Lobato, R., Thomas, J., & Hunter, D. (2012). Histories of user-generated content: Between formal and informal media economies. In *Amateur Media* (pp. 19-33). Routledge.

Lucarelli, A., & Berg, P. O. (2011). City branding: a state‐of‐the‐art review of the research domain. *Journal of Place Management and Development*.

Ma, W., Schraven, D., De Bruijne, M., De Jong, M., & Lu, H. (2019). Tracing the origins of place branding research: A bibliometric study of concepts in use (1980–2018). *Sustainability*, 11(11), 2999.

Machimura, T. (1998). Symbolic use of globalization in urban politics in Tokyo. International *Journal of Urban and Regional Research*, 22(2), 183-194.

Mackenzie, A. (2002). *Transductions: Bodies and Machines of Speed.* London/New York: Continuum.

Manheim, J. R. and Albritton, R. B. (1984). Changing national images: international public relation and media agenda setting. *American Political Science Review*, 78, 641–657.

Mansfeld, Y. and Pizam, A. (eds). (2006). *Tourism, Security and Safety: from Theory to Practice.* Burlington, MA: Butterworth-Heinemann.

Mayes, R. (2008). A Place in the Sun: The Politics of Place, Identity and Branding. *Place Branding and Public Diplomacy.* 4(2): 124-132.

Medaglia, R., & Yang, Y. (2017). Online public deliberation in china: evolution of interaction patterns and network homophily in the tianya discussion forum. *Information Communication & Society*, 20(5), 1-21.

Montgomery, J. (1998). Making a city: Urbanity, vitality and urban design. *Journal of Urban Design*, 3(1), 93-116.

Moilanen, T. (2015). Challenges of city branding: A comparative study of 10 European cities. *Place Branding and Public Diplomacy*, 11(3), 216-225.

Mitki, Y., Herstein, R., & Jaffe, E. D. (2012). Repositioning destination brands at a time of crisis: Jerusalem. In *Destination Brands* (pp. 357-368). Routledge.

Oliveira, E. (2015). Place branding in strategic spatial planning. *Journal of Place Management and Development*, 8(1), 23-50.

Paganoni, M. C. (2012). City branding and social inclusion in the global city. *Mobilities*, 7(1), 13-31.

Paganoni, M. (2015). *City Branding and New Media: Linguistic Perspectives, Discursive Strategies and Multimodality*. Springer.

Pan, Z., & Kosicki, G. M. (1993). Framing analysis: An approach to news discourse. *Political Communication*, 10(1), 55-75.

Pasquinelli, C., & Teräs, J. (2013). Branding knowledge-intensive regions: A comparative study of Pisa and Oulu high-tech brands. *European Planning Studies*, 21(10), 1611-1629.

Pasquinelli, C. (2014). Branding as urban collective strategy-making: The formation of Newcastle Gateshead's organisational identity. *Urban Studies*, 51(4), 727-743.

Peighambari, K., Sattari, S., Foster, T., & Wallström, Å. (2016). Two tales of one city: Image versus identity. *Place Branding and Public Diplomacy*, 12(4), 314-328.

Pereira, G. V., Parycek, P., Falco, E., & Kleinhans, R. (2018). Smart governance in the context of smart cities: A literature review. *Information Polity*, 23(2), 143-162.

Peters, J. D. (1989). Democracy and American mass communication theory: Dewey, Lippmann and Lazarsfeld. *Communication*, 11(3), 199-220.

Raban, J. (1974). *Soft City: What Cities Do To Us, and How They Change the Way We Live, Think and Feel*. London: Hamish Hamilton.

Rafiq, M. and Ahmed, P. K. (2000) Advances in the internal marketing concept: Definition, synthesis and extension. *Journal of Services Marketing*. 14(6): 449-462.

Rainisto, S. (2003). *Success factors of place marketing: A study of place marketing practices in Northern Europe and the United States*. Doctoral Thesis, Helsinki University of Technology, Institute of Strategy and International Business, Helsinki.

Rehan, R. M. (2014). Urban branding as an effective sustainability tool in urban development. *Hbrc Journal*, 10(2), 222-230.

Richards, G., & Wilson, J. (2004). The impact of cultural events on city image: Rotterdam, cultural capital of Europe 2001. *Urban studies*, 41(10), 1931–1951.

Sartori, A., Mottironi, C. and Corigliano, M. A. (2012). Tourist destination brand equity and internal stakeholders: An empirical research. *Journal of Vacation Marketing*. 18(4): 327-340.

Sassen, S. (2004). Local actors in global politics. *Current Sociology*, 52(4), 649-670.

Schafer, R. M. (1969). *The New Soundscape: A Handbook for the Modern Music Teacher*. Bmi Canada Don Mills Ont.

Sweetser, K. D., & Metzgar, E. (2007). Communicating during crisis: Use of blogs as a relationship management tool. *Public Relations Review*, 33(3), 340-342.

Tavmen, G. (2020). Data/infrastructure in the smart city: Understanding the infrastructural power of Citymapper app through technicity of data. *Big Data & Society*, 7(2), 2053951720965618.

Trueman, M., Cook, D., & Cornelius, N. (2008). Creative dimensions for branding and regeneration: Overcoming negative perceptions of a city. *Place Branding and Public Diplomacy*, 4(1), 29-44.

Tuan, Y. F. (1993). *Passing Strange and Wonderful: Aesthetics Nature and Culture*. Island Press.

Unger, J., Chan, A., Chung, H.(2014). Deliberative Democracy at China's Grassroots: Case Studies of a Hidden Phenomenon. *Politics and Society*, 42(4),513-535.

Vanolo, A. (2008). The image of the creative city: Some reflections on urban branding in Turin. *Cities*, 25(6), 370-382.

Varey, R. J., & Lewis, B. R. (1999). A broadened conception of internal marketing. *European Journal of Marketing*. 33(9), pp. 926-944.

Wang, T & Cohen, A.(2009). Factors Affecting Viewers' Perceptions of sensationalism in Television News: A Survey Study in Taiwan. *Issues and Studies*. 45(2),125-157.

Ward, S. (2005). *Selling Places: the Marketing and Promotion of Towns and Cities 1850-2000*. Routledge.

Whitson, D & Macintosh, D. (1996). The global circus: international sport, tourism, and the marketing of cities. *Journal of Sport and Social Issues*. 20(3), 278-295.

Williams, A., Kitchen, P., Randall, J., & Muhajarine, N. (2008). Changes in quality of life perceptions in Saskatoon, Saskatchewan: comparing survey results from 2001 and 2004. *Social Indicators Research*, 85(1), 5-21.

Wirth, L. (1938). Urbanism as a Way of Life. *American Journal of Sociology*,

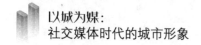
44(1), 1-24.

Xiang, Z., & Gretzel, U. (2010). Role of social media in online travel information search. *Tourism Management*, 31(2), 179-188.

Xu, D, Shen, J., & Xu, J. (2021). Branding a city through journalism in china: the example of shenzhen. *Journalism*, 24(1), 1-18.

Zhang, L., & Zhao, S. X. (2009). City branding and the Olympic effect: A case study of Beijing. *Cities*, 26(5), 245-254.

Zhou, L., & Wang, T. (2014). Social media: A new vehicle for city marketing in China. *Cities*, 37, 27-32.

Zollo, L., Rialti, R., Marrucci, A., & Ciappei, C. (2021). How do museums foster loyalty in tech-savvy visitors? The role of social media and digital experience. *Current Issues in Tourism*, 1-18.

附录

附录一 "知音号"游客数据文本题录

用户名	平台（序号）	类型	发布时间	题目
文刀刘	马蜂窝（W01）	游记	2018-11-13	武汉两大实景演出之二：知音号
西竹	马蜂窝（W02）	游记	2019-09-15	暑期武汉四日家庭游，武汉大学＋黄鹤楼，知音号＋汉秀表演，湖北省博＋张之洞与武汉博＋辛亥革命博物馆
D.M.G.狗哥	马蜂窝（W03）	游记	2018-10-20	五日游干货｜每天暴走3万步 游遍23处景点——走出武汉最全攻略！
逍遥梅	马蜂窝（W04）	游记	2018-10-15	带你玩转武汉那些心动小众文艺景点
喜羊羊	马蜂窝（W05）	游记	2018-09-30	武汉三日精华游
凉生	马蜂窝（W06）	游记	2018-08-08	一座城市遇上一个故事·武汉四日游
逍遥乘CL	马蜂窝（W07）	游记	2018-07-19	武汉知音号

续表

用户名	平台（序号）	类型	发布时间	题目
芬达姐	马蜂窝（W08）	游记	2018-06-28	武汉仲夏の日与夜|清凉且优雅的一日游玩法
luoluoluo	马蜂窝（W09）	游记	2020-11-11	武汉"精神"两日游
小小猪	马蜂窝（W10）	游记	2019-11-02	一起穿越——武汉知音号之旅
义工旅行的大璐	马蜂窝（W11）	游记	2019-07-07	知音号手把手攻略
933	马蜂窝（W12）	游记	2020-05-01	夜游武汉两江夜景知音号篇
一尾蓝鲤	马蜂窝（W13）	游记	2019-07-25	望知音·知音号游览顺序及贴士
正牌汽豆豆	马蜂窝（W14）	游记	2019-10-06	知音号专题
Summer	马蜂窝（W15）	游记	2019-11-23	武汉🚄上海出发4天3夜🚢知音号🚢汉口江滩🏛武汉大学🎓光谷🏠黄鹤楼🏯户部巷🏯✔
旅游君君	马蜂窝（W16）	游记	2021-01-21	抖音上爆红的武汉神剧《知音号》，带你一秒梦回民国
yoyo	马蜂窝（W17）	游记	2019-08-29	上船下船只在一念之间 相遇别离却是人生常态——武汉知音号
曳盈	马蜂窝（W18）	游记	2019-09-06	武汉——知音号
Mary 苒苒	马蜂窝（W19）	游记	2021-04-08	武汉东湖磨山樱园 花开烂漫 汉江码头知音号演出流连忘返

用户名	平台（序号）	类型	发布时间	题目
小熊的苹果树	马蜂窝（W20）	游记	2018-11-16	汉口江滩之知音号打卡归来分享～
小熊的苹果树	马蜂窝（W21）	游记	2017-06-17	【知音号】我有一张时光船票，你跟不跟我走？
沁竹一叶	马蜂窝（W22）	游记	2017-08-06	城游记—醉美知音号
VIP-🐯	马蜂窝（W23）	游记	2017-08-30	武汉——遇见知音号（下）
大婷🍉	马蜂窝（W24）	游记	2017-06-22	历史总是惊人的相似，818"知音号"上的民国剧经典剧
1212coco	马蜂窝（W25）	游记	2017-09-02	武汉旅游新地标|知音号的穿越之旅
包子抹茶味	马蜂窝（W26）	游记	2019-06-15	【武汉、恩施、张家界、长沙】|一路别离，一路遇见，一路向前（上篇：湖北）
Dream to Travel	马蜂窝（W27）	游记	2020-10-04	武汉——风雨里来去的十一
少爷家的薰衣草花	马蜂窝（W28）	游记	2021-01-02	武汉|烟雨雾中等天晴——江城三日间
大米饭1984	马蜂窝（W29）	游记	2020-09-07	武汉！武汉！期待再相聚！
陆离	马蜂窝（W30）	游记	2021-04-27	三日游武汉，超详细吃住行，想去的都有，刨去车费人均500

用户名	平台（序号）	类型	发布时间	题目
咖喱咖喱蹭蹭蹭	马蜂窝（W31）	游记	2021-05-05	2021五一武汉三峡游记
日更选手豆豆	马蜂窝（W32）	游记	2021-04-12	去年的诺言履行了吗？武汉在等你哦
可可可可可	马蜂窝（W33）	游记	2021-05-06	【武汉】留点遗憾下次再会
最爱萝卜糕的兔兔	马蜂窝（W34）	游记	2021-05-02	五一坐动车去武汉，四天三夜慢游武汉
sofia 静	马蜂窝（W35）	游记	2021-04-06	2021清明小长假武汉3日
小朋友的小冰冰	马蜂窝（W36）	游记	2021-06-08	非常规 休闲娱乐武汉三日游
天马行空	马蜂窝（W37）	游记	2021-06-05	你好！武汉
大童	马蜂窝（W38）	游记	2021-05-05	五一游，大病初愈的武汉
温大冰	马蜂窝（W39）	游记	2021-05-05	五一·武汉
弯毛酱	马蜂窝（W40）	游记	2021-04-08	去武汉春游
圈圈鱼宝	马蜂窝（W41）	游记	2021-03-20	"突击"英雄的城——武汉
Yisa	马蜂窝（W42）	游记	2021-04-19	武汉自由行｜4天3晚 宝藏城市之旅。
young66	马蜂窝（W43）	游记	2021-04-25	清明武汉长沙闺蜜游
总有妖怪想害朕	马蜂窝（W44）	游记	2021-04-16	武汉 好久不见~知音号 一场民国穿越之旅！
糖堆儿 Sweety	马蜂窝（W45）	游记	2019-12-07	【武汉】知音号上遇知音

用户名	平台（序号）	类型	发布时间	题目
Lisa	马蜂窝（W46）	游记	2021-03-21	武汉知音号美食攻略
媛媛宝贝的乐哉生活	去哪儿（Q01）	游记	2018-04-10	穿越到民国，我和知音号有个约会
迷 S 火手记	去哪儿（Q02）	游记	2018-12-20	新鲜出炉的武汉"江岸十美"，你 get 过几个？
西丸酱	去哪儿（Q03）	游记	2018-10-15	待到樱花烂漫时，赴江城知音之约
bags3632	去哪儿（Q04）	游记	2020-11-11	迟来的武汉自驾游我在武汉看风景
江涛视觉	去哪儿（Q05）	游记	2019-04-11	#游记征集令#嗅着花香游武汉，这样玩儿，超靠谱！
一支可爱多	去哪儿（Q06）	游记	2018-08-30	【种草】四大热门城市的新晋网红打卡地，看看漂亮小姐姐们最常出没哪些地方
winterlin2008	去哪儿（Q07）	游记	2017-10-07	雨中游，大武汉
Mia	去哪儿（Q08）	游记	2019-04-13	人间四月——武汉
小旅兔	去哪儿（Q09）	游记	2019-10-01	48 小时玩转武汉：你的倾城时光，我的倾城之恋
olpi3439	去哪儿（Q10）	游记	2017-12-28	知音难觅，不负芳华
小哲哥 Kevin	去哪儿（Q11）	游记	2018-08-02	东南 DX3 夜猫行动——武汉夜行攻略
olpi3439	去哪儿（Q12）	游记	2017-11-21	二刷这个地方被一群小萌娃圈粉了！

续表

用户名	平台（序号）	类型	发布时间	题目
olpi3439	去哪儿（Q13）	游记	2017-10-02	"塑料姐妹花"国庆节的知音之旅！
olpi3439	去哪儿（Q14）	游记	2018-01-20	线上玩小咖秀配音秀都out了，最in的玩法我试过了
ovfh3983	去哪儿（Q15）	游记	2017-06-30	泪点低，N刷《知音号》都会哭成狗，好丢脸！
临绕	穷游网（Y01）	点评	2019-12-07	无标题
还说些	穷游网（Y02）	点评	2019-10-16	无标题
nerevo	穷游网（Y03）	点评	2019-05-05	无标题
银酱的小绵羊	穷游网（Y04）	点评	2019-01-02	无标题
我喜欢女儿	穷游网（Y05）	点评	2018-10-29	无标题
二咩i	穷游网（Y06）	点评	2018-10-18	无标题
米卡利斯	穷游网（Y07）	点评	2018-08-20	无标题
金九无	穷游网（Y08）	点评	2018-08-18	无标题
Amfreak	穷游网（Y09）	点评	2018-08-15	无标题
GTV丨熊猫	穷游网（Y10）	点评	2018-05-15	无标题
琼琼白兔糖	穷游网（Y11）	点评	2018-05-05	无标题
Erico江仔	穷游网（Y12）	点评	2018-05-05	无标题
凌风啊总是	穷游网（Y13）	点评	2018-04-26	无标题
z15947333025	穷游网（Y14）	点评	2018-04-19	无标题
dwazzca	穷游网（Y15）	点评	2018-02-27	无标题
yunadb	穷游网（Y16）	点评	2018-02-04	无标题
o哔哩哔哩o	穷游网（Y17）	点评	2017-12-24	无标题
安小陌、	穷游网（Y18）	点评	2017-12-05	无标题
大婷子呀	穷游网（Y19）	点评	2017-07-07	无标题
立里lily	穷游网（Y20）	点评	2017-06-30	无标题

附录二　武汉城市留言板访谈实录

受访人 A 访谈实录

1. 习近平总书记认为推动发展、建设全媒体成为我们面临的一项紧迫课题，要推动媒体融合向纵深发展，做大做强主流舆论。您认为武汉城市留言板是如何贯彻习近平媒介融合思想的？

A：“城市留言板”的创新主要是贴近党的群众路线，属于新闻＋政务＋服务的策略。“留言板”是全媒体时代传统媒体媒介融合的尝试。其主要目的是为群众办好事，壮大主流舆论阵地，赋予媒体更大的吸引力。具体来说可以体现在四个方面：①“留言板”并不是从媒体的思路出发，媒体主要是从传递信息和知识的角度出发，而“留言板”坚持以人民为中心的思想，将电子政务与城市治理相结合。②相比于媒体，“留言板”掌握了更多的政治资源和社会资源。③“城市留言板”的融合不是简单的相加，而是相融，你中有我，我中有你。④目前发展势头好的是商业型的媒体，传统的宣传体系处于失声的状态，“留言板”是传统媒体转型的一个很好的尝试。

2. 传统的论坛形式包括政府直接创办的公共论坛和基于兴趣组的商业论坛，城市留言板应该算是区别于上述两种模式的“第三种论坛”。它既是长江日报报业集团和长江网的一种延伸媒介形式，又是网上群众工作部的一部分，您是如何定位“留言板”这种多重身份的？这种复杂的属性会带来怎样的影响？

A：作为一种新的事物，“城市留言板”是一种政府与媒体相互交叉的结果。政府有严格的办理体制机制要求，而媒体主要是充当公共信息传播的渠道。因此“留言板”属于刻板与灵活的碰撞。“留言板”的参与方式比较宽容，它既遵循电子政务的客观规律，同时吸收互联网的传播形式，最重要的是地方政府作为背书方提供了相对宽容的环境。在创办过程中，是一个不断发现问题、解决问题以及不断规范的过程。传统的网络问政行使媒体监督的权利，往往呈现出严肃的工作机制。"留言板"则将媒体的活跃思维与政府的严谨规矩有机结合起来，两者虽然在沟通过程上比较繁烦，但最终能实现求同存异的效果。

3. 武汉"城市留言板"的 2019 年年度报告特别强调了公共利益的留言超过了 50%，为何如此强调和鼓励公共利益的留言？"城市留言板"中呈现的公共利益和私人利益的相互关系是怎样的？

A：对于治理武汉这样的拥有 1000 万人口的超大城市，仅仅依靠各级党委职能部门的行政人员还是远远不够的，需要发动群众的智慧来处理城市治理中的各种细小环节。"留言板"可以发动网民的力量让他们参与到城市治理之中，从而激发他们的城市认同感、参与感与获得感。"留言板"中的公共利益与私人利益不能完全分隔，比如人行道红绿灯时间设置过短问题，可能是某个人提出的私人利益诉求，但该问题的解决能使更多的行人获益。

4. 职能政府和单位作为城市留言板的办理者与反馈者，他们各自在受理过程中遵循怎样的规则？在办理过程中如何才能确保信息反馈的权威性？

A：我们一般办理时间为 9 个自然日，我们的工作人员研判后交给具体的职能部门。职能部门处理完成后会给留言者打电话回告，并在留言板进行回复。各个职能部门有自己的工作机制，并且拥有自己专门的工作专班和人员。这些工作人员的每一次留言回复实质上是一次政务发布，每一个办理人员都是代表其职能部门的"新闻发言人"。

5. 城市留言板的考核机制会约束职能部门的受理与反馈，如何避免他们出现"重回复轻治理"的问题？比如有些部门更重视让留言的网友满意，而忽略留言内容所涉及的深层次治理问题。

A：我们有时会向职能部门发送督办函进行督办提醒。但是也有些部门为了能够过关，采取一些应付的方式。比如，有些部门的长期回复一模一样，而有些部门则是直接复制粘贴别的部门的回答，造成答非所问的情况。具体表现在三方面的回复类型：一是咨询类的留言只需要回复，不需要办理；二是需要长期办理的留言，没有主动与群众进行沟通；三是虚假回复，骗完了满意之后就搁置。面对"重回复轻治理"的问题，我们留言板会有专门的回访人员抽查这类现象，但因为留言办理量太大，并不能杜绝这类现象的发生。

6. 城市留言板的留言分配是根据受理职能部门来决定的。如何处理某些留言内容涉及不同的部门协作的问题，以及如何避免它们相互推诿这些需要多部门协调的留言内容？

A：对于需要不同部门协同协作的问题，我们会充当中间人促成双方的协作。不过有些问题确实很复杂，责权不是很好分辨。比如，一些两区或多区交界的"插花地带"产生的矛盾，如两区交界处的道路破损和维护问题也会引发责权分辨不清以及职能部门相互推卸（诿）的现象。

7. 城市留言板并没有采取传统公共论坛的主题＋跟评的模式，而是为了解决问题采取的一事一议模式。这种模式虽能高效解决问题，但不能激发更多网友针对某一特定留言广泛讨论。您是如何看待目前这样的状况的？

A：这个问题存在正反两面。一方面，有跟评或者矛盾冲突才会有活跃度；另一方面，因为有一些围观网友并不完全了解留言中的事项，其潜在的不理性言论容易扰乱职能部门的客观办理。当然，我们未来还

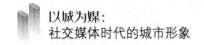

是希望能够放开跟评模式，创造一个更加自由讨论的平台，但这有赖于网民素养的提高以及职能部门治网用网水平的提高。

受访人 B 访谈实录

1. 诉求提出到最后解决是 9 天，这个 9 天的时长是基于什么来考虑的？

B：9 个自然日包括周六和周日，这个时间期限是 2017 年年初定下来的，而市长热线是 3~15 天。不同题材的时间期限不一样，我们提倡资讯类留言 1 日回复、公共服务类留言 3~5 天回复。如办理部门遇到没有权限解决的留言可以向市政府办公厅请示申请多部门沟通协调解决，申请延期的极限是 60 天。

2. 体制性媒体有一定权威，武汉城市留言板的权威体现在哪里？市民如何相信留言板并在上面留言？

B：城市留言板偏向于群众们的合理合法诉求，我们坚持有步骤、有过程并且依法依规的办理。其权威性主要体现在三个方面：①留言板在立场上坚持不偏不倚；②坚持留言和回复在网络平台上公开呈现，即使无法解决也是属于民意监督；③留言办理的背后是武汉一百多家政府部门，回答问题的部门都拥有权威的信源。

3. 武汉城市留言板与传统的公共论坛之间的联系和区别在哪里？

B：从传播模式上来看，"留言板"有办理和反馈的机制，说的话能得到反馈，是一种 C to B 的传播模式；公共论坛是一种用户对用户的传播，涉事机构和部门不会参与讨论。从传播内容来看，"留言板"聚焦社会和民生议题，尤其是集体诉求与个体诉求，而论坛多半以兴趣为导向（如旅游、体育、游戏或文学）等，诉求在其中只是很小的一个板块。相比于论坛强调互动来说，"留言板"并不支持网民之间的互动。因为

2018 年 4 月我们曾尝试采用跟评功能，但跟评内容中百分之六十都是针对政府的恶意批评，且我们目前也不具备机器过滤的条件。

　　4.武汉城市留言板在传播功能上与报纸、广播和电视等传统媒体有一定的联系，都具有上传下达的功能，但是与传统媒体相比，在上传和下达的细节上有何不同？

　　B：传统媒体主要采取宣讲的策略，是一种单向渠道为主、放大政府声音的传播方式。虽然部分传统媒体也有舆论监督的功能，但无法实现监督的日常化与标准化。而"留言板"采取的是以下呼上的功能，是一种以问题和诉求为导向的模式，希望将一个问题放大到一个部门。政府部门可以通过办理留言来向大众传递信息，同时也可以将共性的留言以舆情内参或信访签报的形式传递给上级。

　　5.上级政府可能需要的是更多公共问题，市民反映的却多数为私人利益的事情，夹在中间的留言板如何解决这样的落差？

　　B："留言板"内容的整体分布按照由多到少排列可以分为个体诉求、群体诉求、区域发展建议和城市宏观发展建议。城市宏观发展留言相比于前面三种数量较少，其内容有点像市委书记和市长操心的城市宏观发展规划问题。无论是公共问题还是私人诉求，都可以作为城市治理的重要组成部门。我们会对热点进行梳理和研判，用共性的角度来看待私人问题，从而为舆情的预警预判做准备。

　　6.城市留言板中市民提出的个人诉求，其他网友只能看不能与其互动，这样的设置有什么好处？可能会产生哪些问题？

　　B：这样做虽然牺牲掉网民的黏度和活跃度，但也减少了留言办理过程中的风险和压力。因为有些议题过于敏感，比如拆迁问题或医患纠纷，如果完全放开来讨论有可能会引发群体极化甚至网络群体性事件。

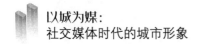

7. 网民提出的诉求或者建议，是需要经过你们后台审核才能在网上呈现的。你们审核的标准是什么？哪些内容会被过滤掉？

B：我们出台了《武汉城市留言板管理条例》，所有的留言必须符合我们的条例中最基本的要求，当然留言的表述也必须做到清晰，应包含基本的时间、地点和事件等内容。除此之外，有些争议性的敏感内容经过我们审核只会对本人和办理部门可见，比如容易引起市党委和政府舆情争议的内容、过于个人化的信访问题、涉及提供黄赌毒治安线索的内容、未经核实的针对个人的举报以及灌水式的重复信息等。办理部门没有公开或隐藏的权限，并且留言的用户可以看到自己的内容是否公开。

受访人 C 的访谈实录

1. 作为武汉城市留言板负责留言把关的工作人员，把关标准会保持一致吗？哪些因素会影响把关标准？

C：常态化情况下，城市留言板的把关标准是没有太多变化的。不过，我们也会根据武汉的一些具体情况，来放松或收紧留言的公开标准。在一些特殊的时间段，"留言板"会适当提高把关标准或对过于负面的留言采取隐藏措施。

2. 你们拥有武汉市一百多家职能部门的背书，你们是如何对职能部门进行约束的？

C：网民可以通过满意或不满意对于职能部门的办理结果进行评价，而职能部门的办理数据将直接影响其每年的绩效考评。"从严治党"中网上群众路线指标、发改委牵头的营商环境考核以及治庸办的双评议指标都要从"留言板"提取数据作为考评依据，这些数据包括留言板中的投诉率、按期办结率、办理时限和群众满意度等。

3. 那么对于留言的网民会有约束吗？如果网民恶意差评怎么办？

C：首先，我们是充分相信网民的判断与行为的，并且"留言板"是采取双向监督的模式，办理部门可以对网民的"不满意"评价进行申诉，通过以办理单位党委（党组）的形式来提交情况报告，申请将某条不满意评价不纳入最终的考评体系中。

后记

　　城市形象其实是老生常谈的议题，21世纪之交，有一大批建筑学、城市规划和市场营销学者围绕城市的外部环境和内部标识开展研究。而在传播学领域，城市形象逐渐走向一种固定范式的轮回。它们将外地媒体对本地的新闻报道等同于城市形象的表征，或者是借助城市宣传片来分析某座城市形象是如何被塑造的。这一类研究范式在社交媒体时代容易失灵，因为相比于官方机构，市民和游客才是城市形象的真正主体。

　　基于此，我舍弃了传播中心主义的固化思维，将传播看作城市日常生活和公共交往的一部分，并将城市形象塑造放置在城市软实力的框架之中。感谢国家社科基金支持我完成这一设想，也要感谢湖北省社科基金对于成果出版的资助。我希望通过这本著作，架起传播学界与地方宣传部门对话的桥梁，同时也为"讲好中国故事"和"延续城市文脉"等国家方针政策提供智力支持。

　　这本书的灵感来源于我在清华大学攻读博士阶段的学习。导师彭兰教授有关新媒体用户的研究激发我关注城市传播的普通市民，去探索短视频环境下具有能动性的用户是如何生产城市形象的。而授课老师范红教授在全球传播研究的课程中，向我们介绍了海外有关地方品牌和城市品牌的最新研究成果，这些成果拓展了我的国际视野，为本书增添了更多中西比较的维度。同时，也要感谢授课老师金兼斌教授对于我研究方法上的指点。

　　本书所提出的许多学术观点，受到复旦大学信息与传播研究中心的启发。该中心以物质性的视角观照数字技术环境下的新型城市生活，激发了我以武汉作为个案样本开展城市传播研究，并以此完成和发表了不少成果。值得一提的是，本书的部分内容已在《国际新闻界》《新媒体与社会》《学习与实践》《当代青年研究》等刊物上发表。在此，对上述刊物的厚爱表示感谢。

感谢众多学友的帮助，使本书最终能够顺利出版。邓元兵老师向我分享了选题策划的经验；师弟徐皞亮、前同事赵煌以及博士班同窗陈雪薇分别参与了本书第二章、第三章和第七章案例研究部分的撰写工作；师姐王可欣将其尚未出版的博士论文供我参考，丰富了本书第三章有关理论阐释的内容。在课题结项前，张昱辰老师对全书进行通览和把关，并针对第一章的框架部分提出了修改建议。

本书的出版还获得了中南民族大学学科建设资金的资助，同时要感谢文传学院领导的支持和帮助。

另外，还要感谢清华大学出版社梁斐老师的编辑工作，她的严格把关和细致修改保证了本书的质量。

作为一本新媒体时代城市形象研究的专著，尽管本书尝试最大限度地勾勒城市形象之于城市日常生活的内在肌理，探索社交媒体嵌入城市形象的基础架构，但不得不说，新媒体日新月异的更新速度，加大了深描城市形象新趋势的难度，书中不尽妥当之处在所难免。最后，这本书要献给我的家乡——武汉，也希望更多的学者参与到城市传播的研究中来，共同书写和传播自己的家乡城市。

黄骏
2023 年 3 月于中南民族大学